Carlos Jacomino
Luis Lozano
Yazid Solís

Cibersegurança

Carlos Jacomino
Luis Lozano
Yazid Solís

Cibersegurança

desafios e soluções de sistemas digitais para proteger as suas informações

ScienciaScripts

Imprint

Cover image: www.ingimage.com

This book is a translation from the original published under ISBN 978-613-9-41068-2.

Publisher:
Sciencia Scripts
is a trademark of
Dodo Books Indian Ocean Ltd. and OmniScriptum S.R.L publishing group

120 High Road, East Finchley, London, N2 9ED, United Kingdom
Str. Armeneasca 28/1, office 1, Chisinau MD-2012, Republic of Moldova, Europe
Managing Directors: Ieva Konstantinova, Victoria Ursu
info@omniscriptum.com

Printed at: see last page
ISBN: 978-620-8-39698-5

Introdução

Num mundo cada vez mais interligado, onde os dados pessoais e empresariais estão em constante fluxo digital, a cibersegurança tornou-se um pilar fundamental para a proteção da nossa informação. Desde ataques cibernéticos cada vez mais sofisticados até à ameaça crescente de vulnerabilidades em sistemas críticos, as organizações e os utilizadores enfrentam desafios constantes na salvaguarda dos seus activos digitais. Este livro, *Cybersecurity: Digital Systems Challenges and Solutions to Protect Your Information,* tem como objetivo fornecer uma visão clara e acessível dos riscos no ambiente digital e das soluções disponíveis para os enfrentar. Ao longo das suas páginas, exploraremos estratégias, ferramentas e melhores práticas para melhorar a segurança dos sistemas informáticos e proteger informações valiosas.

Neste livro, o leitor embarcará numa viagem essencial pelo mundo da cibersegurança, uma disciplina fundamental na era digital. À medida que avança, vai descobrir os conceitos fundamentais e as principais ameaças que põem em causa a segurança da informação pessoal e empresarial. Com foco na resposta a incidentes e estratégias de defesa, este livro oferece conhecimentos e soluções aplicáveis para enfrentar os desafios do ambiente cibernético.

Cada capítulo foi concebido para lhe fornecer ferramentas práticas para reforçar a segurança digital em qualquer contexto, quer seja pessoal, profissional ou empresarial. Desde as noções básicas de cibersegurança até às tendências futuras, será orientado na compreensão das ameaças e na implementação de medidas preventivas eficazes. Assim, este livro não só o preparará para compreender o panorama atual, como também o ajudará a antecipar e a agir proactivamente contra os riscos de um mundo digital interligado.

Com a intenção de reforçar os seus conhecimentos e sensibilizar para a importância da cibersegurança, convidamo-lo a mergulhar nestas páginas e a tornar-se um defensor de informações seguras e protegidas. Este percurso de aprendizagem permitir-lhe-á não só compreender, mas também contribuir para a proteção dos sistemas e a preservação da confiança no ambiente digital.

Os autores, Yazid Zahid Solís Balladares e Luis Arturo Lozano Zelaya, partilham o seu conhecimento e experiência no domínio da cibersegurança, orientando o leitor na compreensão das questões mais relevantes neste domínio e apresentando soluções aplicáveis para garantir o futuro digital de indivíduos e organizações.

Yazid Zahid Solis Balladares

Estudante de Engenharia de Sistemas na Universidade Americana de Manágua (UAM), Yazid Zahid Solís Balladares tem demonstrado um forte interesse nas áreas da cibersegurança, desenvolvimento de software e redes. O seu foco académico é a aplicação de soluções tecnológicas inovadoras para resolver os desafios actuais no domínio digital. Ao longo da sua formação, participou em vários projectos relacionados com a proteção de dados e a segurança informática, adquirindo competências em programação, análise de vulnerabilidades e conceção de sistemas seguros.

Luis Arturo Lozano Zelaya

Também estudante de Engenharia de Sistemas na Universidade Americana de Manágua (UAM), tem demonstrado um empenho constante na aprendizagem e aperfeiçoamento nas áreas da cibersegurança, redes informáticas e desenvolvimento de aplicações. O seu interesse pelas tecnologias emergentes e a sua abordagem prática à implementação de soluções digitais permitiram-lhe trabalhar em vários projectos de proteção da informação. Através da sua formação académica, o Luís desenvolveu competências na deteção e mitigação de ciberameaças, procurando sempre melhorar a segurança dos sistemas que utiliza.

Índice

Capítulo 1: Fundamentos da cibersegurança

A cibersegurança é uma área crítica no mundo atual, onde a interconexão global e a digitalização de todos os aspectos das nossas vidas criaram um ambiente propenso a uma variedade de ciberameaças. Este capítulo explora os fundamentos da cibersegurança, o que significa proteger a informação num ambiente digital e como os sistemas estão a ser concebidos para se defenderem das ciberameaças. Serão analisadas as ameaças e vulnerabilidades mais comuns, as estratégias utilizadas para proteger os sistemas e a relevância da cibersegurança no nosso quotidiano.

O que é a cibersegurança?

A cibersegurança, também conhecida como segurança informática, refere-se ao conjunto de práticas, tecnologias e processos concebidos para proteger os sistemas informáticos, as redes, os dispositivos e os dados contra acessos não autorizados, danos ou ataques. À medida que a digitalização e a conetividade aumentam, as organizações, os governos e os utilizadores têm de garantir que as suas informações e activos digitais estão protegidos. Das pequenas empresas às grandes corporações, a cibersegurança tornou-se uma componente essencial da continuidade operacional e da proteção da privacidade.

Num mundo cada vez mais dependente da tecnologia, a cibersegurança vai além da simples proteção de dados. Envolve a gestão de riscos, a prevenção de intrusões e a defesa ativa contra ataques que podem comprometer a integridade dos sistemas informáticos. A cibersegurança engloba áreas como a proteção das redes, a segurança da informação, a privacidade dos utilizadores e a resistência a incidentes cibernéticos.

A cibersegurança é crucial porque as consequências de uma violação da segurança podem ser devastadoras tanto para as empresas como para os indivíduos. Os custos de um ciberataque incluem não só a perda direta de dados ou dinheiro, mas também custos intangíveis, como a perda de confiança e reputação, a interrupção de serviços e possíveis sanções por parte de organismos reguladores.

Num mundo digital interligado, em que as nossas vidas, trabalho e transacções são realizados em linha, garantir a segurança dos dados tornou-se uma prioridade não só para as empresas e os governos, mas também para os indivíduos que interagem nestes ambientes.

A evolução da cibersegurança

O conceito de cibersegurança tem evoluído ao longo do tempo, especialmente à medida que as ameaças informáticas se tornaram mais sofisticadas. As primeiras preocupações com a segurança digital centravam-se na proteção física de dispositivos e redes. Com o avanço da Internet e da conetividade, os ataques começaram a centrar-se mais na interceção de dados e na sabotagem de infra-estruturas críticas.

O aumento das redes sociais, a computação em nuvem e a globalização dos dados deram lugar a novas ameaças que devem ser geridas com tecnologias de segurança avançadas, como a inteligência artificial (IA), a análise de dados em tempo real e a criptografia avançada. Atualmente, os ciberataques são um risco constante para todas as partes envolvidas no intercâmbio de informações digitais.

Principais elementos da cibersegurança

Existem vários componentes essenciais que constituem o núcleo da cibersegurança:

1. **Confidencialidade:** A proteção dos dados de modo a que apenas pessoas ou sistemas autorizados possam aceder aos mesmos. A confidencialidade é essencial para proteger informações pessoais, comerciais e governamentais.
2. **Integridade:** garantir que os dados não são alterados de forma não autorizada. A integridade é assegurada através de técnicas como o hashing, que permite verificar se os dados não foram alterados durante a transmissão ou o armazenamento.
3. **Disponibilidade:** Garantir que os dados e os sistemas estão acessíveis quando necessário, o que implica manter uma infraestrutura fiável e assegurar que os serviços não são interrompidos por ciberataques.
4. **Autenticação e autorização:** Os sistemas devem ser capazes de verificar a identidade dos utilizadores e conceder-lhes acesso apenas aos recursos para os quais têm permissões. Isto pode incluir palavras-passe, autenticação biométrica e

sistemas de controlo de acesso.

5. **Não repúdio:** Garante que uma pessoa não pode negar ter realizado uma ação num sistema. As pistas de auditoria e as assinaturas digitais são ferramentas que garantem o não-repúdio.

O mundo mudou radicalmente com o advento da era digital. O que antes eram processos manuais e sistemas isolados transformaram-se agora em operações interligadas que dependem da conetividade global e da capacidade de processar grandes volumes de dados. As empresas armazenam os seus dados na nuvem, os serviços bancários são realizados através de aplicações móveis e as nossas interações pessoais têm lugar em plataformas sociais e de mensagens em linha. Este ambiente digital criou enormes vantagens, mas também abriu a porta a novas ameaças.

A digitalização traz consigo a criação e distribuição maciça de dados. Cada clique, transação e movimento dentro de um sistema gera informação que, se não for devidamente protegida, pode ser utilizada para fins maliciosos. É aqui que a cibersegurança desempenha um papel essencial: proteger as informações dos utilizadores e das organizações contra o acesso não autorizado, o roubo ou os danos.

Princípios básicos: O que é a cibersegurança e porque é que é crucial?

No ambiente digital moderno, a cibersegurança é muito mais do que uma disciplina técnica. É um domínio em constante evolução que envolve a proteção de sistemas, redes e dados contra o acesso não autorizado, o roubo, os danos ou a alteração. Com o crescimento exponencial da digitalização dos processos, a criação de informação em linha e a interconexão global, as ciberameaças aumentaram significativamente, tornando a cibersegurança crucial não só para as organizações, mas também para os utilizadores individuais.

Definição de cibersegurança

A cibersegurança pode ser definida como o conjunto de práticas, tecnologias e processos concebidos para proteger as infra-estruturas, redes, dispositivos e informações informáticas contra o acesso não autorizado ou ataques maliciosos. A disciplina abrange um vasto espetro, desde a proteção de dados pessoais nas redes sociais até à defesa de infra-estruturas críticas, como os sistemas governamentais ou os serviços financeiros.

Em termos simples, a cibersegurança visa garantir três princípios fundamentais: **confidencialidade**, **integridade** e **disponibilidade** da informação, conhecidos como o triângulo da cibersegurança ou tríade CIA.

1. **Confidencialidade:** garantir que os dados só estão acessíveis a quem tem autorização para aceder aos mesmos.
2. **Integridade: garantir** que as informações não são alteradas de forma não autorizada durante o armazenamento ou a transmissão.
3. **Disponibilidade:** Assegurar que a informação está disponível para os utilizadores autorizados quando estes dela necessitam.

Cibersegurança na era digital

O mundo mudou radicalmente com o advento da era digital. O que antes eram processos manuais e sistemas isolados transformaram-se agora em operações interligadas que dependem da conetividade global e da capacidade de processar grandes volumes de dados. As empresas armazenam os seus dados na nuvem, os serviços bancários são realizados através de aplicações móveis e as nossas interações pessoais têm lugar em plataformas sociais e de mensagens em linha. Este ambiente digital criou enormes vantagens, mas também abriu a porta a novas ameaças.

A digitalização traz consigo a criação e distribuição maciça de dados. Cada clique, transação e movimento dentro de um sistema gera informação que, se não for devidamente protegida, pode ser utilizada para fins maliciosos. É aqui que a cibersegurança desempenha um papel essencial: proteger as informações dos utilizadores e das organizações contra o acesso não autorizado, o roubo ou os danos.

O crescimento das ameaças cibernéticas

Na última década, as ciberameaças evoluíram de simples vírus informáticos para ataques complexos e de alto nível que podem paralisar serviços, roubar milhões de dólares e até pôr em perigo a segurança nacional. Os ciberataques podem ser diretos, como o roubo de dados ou o sequestro de sistemas, ou indirectos, como a espionagem ou a perturbação de infra-estruturas críticas.

Algumas das ameaças mais comuns incluem:

1. **Malware:** Programas concebidos para danificar ou aceder a sistemas sem a autorização do utilizador. Isto inclui vírus, cavalos de Troia, worms e ransomware, que podem ter um impacto devastador.
2. **Phishing:** Técnicas fraudulentas que procuram enganar os utilizadores para que forneçam informações sensíveis, como palavras-passe ou dados bancários, fazendo-se passar por uma fonte de confiança.
3. **Ataques DDoS (Distributed Denial of Service):** Ataques que procuram tornar os sistemas ou serviços inacessíveis através da sobrecarga de recursos com tráfego malicioso.
4. **Ransomware:** Malware que encripta ficheiros de utilizadores e exige pagamento para restaurar o acesso, o que pode paralisar organizações inteiras durante dias.

5. **Vulnerabilidades do software:** As falhas nos sistemas operativos, nas aplicações ou nas infra-estruturas de rede podem ser exploradas pelos atacantes para obterem acesso não autorizado aos sistemas.

Com o aumento das interações digitais, a confiança torna-se uma componente essencial. Os indivíduos e as organizações devem confiar que os seus dados serão geridos de forma segura e que os serviços que utilizam em linha protegerão as suas informações pessoais e financeiras. Isto cria uma responsabilidade significativa para as empresas e entidades governamentais que gerem plataformas digitais, uma vez que uma falha na cibersegurança pode minar a confiança dos utilizadores e causar danos irreversíveis à sua reputação.

Por exemplo, as grandes violações de segurança que afectaram empresas como o Facebook, o Yahoo e a Equifax mostraram que a perda de dados sensíveis pode ter consequências não só financeiras, mas também em termos de perda de confiança dos consumidores. As organizações devem ser transparentes quanto à forma como lidam com a segurança dos dados e proporcionar aos seus utilizadores um controlo adequado sobre as suas informações pessoais.

As ameaças cibernéticas mais comuns

As ciberameaças são diversas e estão em constante evolução. Algumas das mais comuns incluem:

1. **Malware:** Software malicioso concebido para danificar, perturbar ou roubar informações dos sistemas. Os tipos populares de malware incluem vírus, worms, cavalos de Troia e ransomware. Os ataques de malware podem ter consequências graves, que vão desde a perda de dados até ao sequestro de sistemas inteiros.
2. **Phishing:** Um ataque em que os cibercriminosos tentam enganar as pessoas para que revelem informações sensíveis, como palavras-passe ou dados bancários, fazendo-se passar por uma fonte de confiança. O phishing pode ser efectuado através de correio eletrónico, mensagens de texto ou sítios Web falsos.

3. **Ransomware:** Um tipo específico de malware que encripta ficheiros num sistema e exige um pagamento (resgate) em troca da chave para os desbloquear. O ransomware tem crescido enormemente nos últimos anos e representa uma das ameaças mais lucrativas para os atacantes.
4. **Ataques de negação de serviço (DDoS):** Num ataque DDoS, um atacante inunda um servidor ou uma rede com tráfego malicioso, causando a interrupção do serviço. Estes ataques podem paralisar sítios Web e serviços em linha, afectando empresas e utilizadores.
5. **Exploração de vulnerabilidades:** As vulnerabilidades não corrigidas de software ou hardware podem ser exploradas por atacantes para obter acesso não autorizado aos sistemas. As explorações são uma das formas mais comuns de comprometer a segurança de um sistema.

Gestão do risco de cibersegurança

A gestão dos riscos é um aspeto fundamental da cibersegurança. Envolve a identificação, a avaliação e a atenuação dos riscos associados às ciberameaças. Uma abordagem eficaz da gestão do risco deve ter em conta vários factores, incluindo o potencial impacto de um ataque, as vulnerabilidades do sistema e os custos associados às soluções de segurança.

A avaliação dos riscos deve ser efectuada regularmente, uma vez que as ameaças evoluem rapidamente e as vulnerabilidades são constantemente descobertas. Para atenuar os riscos, as organizações devem aplicar controlos de segurança, realizar auditorias regulares e ter planos de emergência em caso de incidentes de segurança.

A cibersegurança percorreu um longo caminho desde os seus primórdios. À medida que as tecnologias informáticas avançaram e o ambiente digital cresceu, o mesmo aconteceu com as ameaças e as soluções para as combater. Para compreender melhor a cibersegurança no seu estado atual, é importante rever a sua evolução, desde os primeiros sistemas de proteção até às abordagens modernas complexas que exigem uma inovação constante para combater os ataques mais sofisticados.

Nas décadas de 1950 e 1960, os sistemas informáticos eram primitivos em comparação com os actuais. Os computadores eram grandes, caros e utilizados principalmente pelos governos, universidades e empresas para efetuar cálculos e armazenar informações básicas. A noção de "segurança" era muito limitada e os sistemas estavam tão isolados que não havia necessidade de se preocupar com ameaças externas. No entanto, à medida que a informática se expandia e se tornava mais acessível às empresas e a um maior número de pessoas, as primeiras formas de segurança começaram a tomar forma.

Durante as décadas de 1960 e 1970, os computadores eram utilizados principalmente em ambientes fechados, como universidades e grandes instituições, e a segurança centrava-se sobretudo na prevenção do acesso não autorizado. Os primeiros sistemas de proteção estavam orientados para a autenticação básica, como as palavras-passe, e eram utilizados internamente. Nessa altura, a maior ameaça era o acesso não autorizado de utilizadores internos, uma vez que as redes externas não constituíam uma preocupação.

No entanto, com a expansão das redes informáticas nos anos 80, nomeadamente com o aparecimento da ARPANET, precursora da atual Internet, surgiu a necessidade de desenvolver melhores mecanismos de proteção da informação. Nessa altura, os antivírus e as firewalls começaram a surgir como as primeiras linhas de defesa contra ataques externos.

Os anos 90 foram uma década crucial para o desenvolvimento da Internet e das ciberameaças. Com a comercialização da Web e a rápida expansão dos utilizadores em linha, foram criadas novas oportunidades para os cibercriminosos. Os primeiros vírus informáticos, como o famoso "ILOVEYOU" em 2000, demonstraram como a informação se tornou vulnerável devido à conetividade em massa.

Nessa altura, o conceito de "cibersegurança" começou a assumir maior importância, uma vez que as empresas começaram a armazenar dados sensíveis em linha e a proteção de dados começou a ser vista como uma prioridade. O software antivírus tornou-se uma ferramenta comum para proteger os computadores pessoais contra malware e vírus, enquanto as firewalls ajudaram a proteger as redes empresariais contra intrusos indesejados.

A ascensão da Internet trouxe consigo novas ameaças, como o spam, o phishing e a criação de cavalos de Troia concebidos para roubar informações pessoais. Os piratas informáticos começaram também a experimentar a utilização de vulnerabilidades nos sistemas operativos e nas aplicações, o que levou ao desenvolvimento dos primeiros patches de segurança e actualizações automáticas.

O ciclo de vida de um ataque cibernético

Para compreender melhor a forma como os ciberataques se desenvolvem, é essencial compreender o ciclo de vida de um ataque. Este ciclo inclui normalmente várias fases:

1. **Reconhecimento:** O atacante recolhe informações sobre a vítima, tais como vulnerabilidades do sistema e pontos fracos da infraestrutura.
2. **Exploração:** O atacante explora as vulnerabilidades descobertas para obter acesso ao sistema ou à rede.
3. **Instalação:** Uma vez lá dentro, o atacante pode instalar malware ou backdoors para manter o acesso não autorizado.
4. **Controlo e exfiltração:** O atacante assume o controlo dos sistemas comprometidos e pode roubar dados ou interromper serviços.
5. **Remoção de provas:** Na última fase, o atacante tenta apagar o seu rasto para evitar ser detectado.

Ferramentas e técnicas de defesa da cibersegurança

Há uma série de ferramentas e tecnologias que ajudam a prevenir, detetar e atenuar os riscos cibernéticos. Algumas das mais utilizadas incluem:

1. **Firewalls:** Dispositivos ou software que filtram o tráfego de rede para bloquear o acesso não autorizado.
2. **Antivírus e Antimalware:** Software concebido para detetar e

remover malware e vírus dos sistemas.

3. **Sistemas de deteção e prevenção de intrusões (IDS/IPS):** Ferramentas que monitorizam as redes em busca de actividades suspeitas e alertam os administradores em tempo real.
4. **Encriptação:** Utilização de algoritmos matemáticos para proteger os dados durante a transmissão e o armazenamento.
5. **Autenticação multifactor (MFA):** um método de autenticação que requer duas ou mais provas de identidade, como uma palavra-passe e um código enviado para um dispositivo móvel.

O futuro da cibersegurança

A cibersegurança continua a evoluir e as tecnologias emergentes desempenharão um papel crucial na proteção dos sistemas digitais. A utilização da inteligência artificial (IA) para detetar padrões anómalos no tráfego da rede, a análise preditiva para antecipar ataques e o aumento da automatização na ciberdefesa são apenas algumas das tendências emergentes. A cibersegurança terá também de se adaptar a novas ameaças, como o impacto da computação quântica, que poderá pôr em causa os actuais algoritmos criptográficos.

Os ciberataques não ocorrem de forma aleatória ou repentina. A maioria dos cibercriminosos segue um ciclo de vida bem estruturado que lhes permite maximizar a probabilidade de sucesso do seu ataque. Este ciclo, que envolve várias fases, vai desde o planeamento e a recolha de informações até à execução do ataque e à subsequente exploração da vulnerabilidade. A compreensão deste ciclo é fundamental para que as organizações possam efetivamente antecipar, detetar e atenuar os ciberataques.

Recolha de informações públicas: Nesta fase, os atacantes utilizam fontes de informação acessíveis ao público, como redes sociais, sítios Web, fóruns e bases de dados públicas, para obter informações sobre a organização ou o indivíduo visado. Isto inclui informações sobre infra-estruturas tecnológicas, sistemas de segurança, pessoas-chave dentro da organização, bem como dados pessoais dos empregados, tais como os seus cargos, localizações, e-mails e ligações a redes sociais. Estas informações são essenciais para a concepção de um ataque específico e direcionado.

Análise de rede e de portas: Os atacantes podem utilizar ferramentas de análise de rede para identificar os endereços IP dos seus alvos e analisar as portas abertas em servidores e dispositivos. Esta informação permite-lhes identificar vulnerabilidades nos sistemas, tais como serviços mal configurados, software desatualizado ou mesmo dispositivos expostos publicamente. As ferramentas de scanning, como o Nmap ou o Nessus, são comuns nesta fase.

Identificação de vulnerabilidades: Uma vez recolhida informação suficiente, os atacantes efectuam uma análise para identificar potenciais vulnerabilidades nos sistemas da organização. Estas vulnerabilidades podem incluir falhas de software, configurações incorrectas, palavras-passe fracas ou mesmo falhas nos protocolos de segurança. As informações obtidas na fase de reconhecimento são essenciais para determinar a melhor forma de comprometer o sistema.

Capítulo 2: Principais ciberameaças

Malware: Tipos e estratégias de propagação

Introdução ao Malware

Malware (ou software malicioso) é qualquer tipo de programa ou código malicioso que afecta os sistemas e redes informáticos. O seu objetivo varia, desde a obtenção ilícita de dados até ao controlo remoto de dispositivos. A sofisticação das técnicas de infeção e propagação de malware tornou esta ameaça uma das mais persistentes e versáteis.

Principais tipos de malware

Cada tipo de malware comporta-se de forma diferente e afecta os sistemas de maneiras diferentes:

- **Vírus**: Infecta ficheiros executáveis e propaga-se quando estes ficheiros são activados. Os vírus requerem a ação do utilizador para se replicarem e, frequentemente, danificam ou tornam o sistema mais lento.
- **Worms**: Utilizam as redes para se propagarem automaticamente, saturando os recursos do sistema e provocando falhas. Exemplo: o worm **ILOVEYOU**, que afectou milhões de dispositivos em 2000.
- **Trojans**: escondem-se em ficheiros ou aplicações aparentemente seguros. Quando o utilizador os executa, o atacante pode obter acesso remoto ao sistema. Exemplos incluem **o Zeus** e **o Emotet**.
- **Spyware**: Concebido para recolher informações sem o consentimento do utilizador. Pode registar as teclas premidas e monitorizar a atividade online.

- **Ransomware**: encripta ficheiros e exige um pagamento para recuperar o acesso. Exemplos como o **WannaCry**, em 2017, tiveram um enorme impacto em organizações de todo o mundo.

Métodos de propagação de malware

- **E-mails de phishing**: Falsificam comunicações legítimas para induzir os utilizadores a descarregar anexos maliciosos.
- **Descarregamentos** automáticos: desencadeados automaticamente pela visita a sites comprometidos.
- **Exploração de vulnerabilidades de software**: Exploração de falhas de segurança em sistemas desactualizados.
- **Redes P2P e Torrents**: Malware disfarçado de ficheiros atraentes, como música ou filmes.
- **Dispositivos de armazenamento externo**: As memórias USB infectadas são uma via comum de propagação.

Impacto do malware nos sistemas

O malware pode causar:

- **Redução da produtividade**: desempenho lento e perda de tempo.
- **Consequências económicas**: Custos de reparação do sistema e perda de confiança dos clientes.
- **Riscos de segurança**: Acesso a informações confidenciais e comprometimento da integridade dos dados.

Estudos de caso de ataques de malware

Caso WannaCry (2017)

Em maio de 2017, o mundo assistiu a um dos ataques de ransomware mais devastadores da história: o ataque WannaCry. Este ransomware afectou mais de 200.000 computadores em pelo menos 150 países numa questão de dias, paralisando empresas, hospitais, universidades e agências governamentais.

- Propagação: O WannaCry explorou uma vulnerabilidade no sistema operativo Windows conhecida como EternalBlue, que foi desenvolvida e divulgada pela Agência de Segurança Nacional dos EUA (NSA). A Microsoft tinha lançado um patch de segurança para esta vulnerabilidade meses antes, mas muitos sistemas ainda não o tinham instalado, permitindo que o WannaCry se espalhasse rapidamente.

- Modo de funcionamento: Assim que o WannaCry infectou um sistema, encriptou todos os ficheiros do utilizador e exibiu uma mensagem a exigir o pagamento de um resgate em Bitcoin para desencriptar os ficheiros. Os atacantes exigiam entre $300 e $600, com a ameaça de duplicar o resgate se não fosse pago dentro de um determinado período de tempo. Além disso, o WannaCry utilizou uma técnica de worm para se auto-replicar e espalhar-se automaticamente para outros sistemas vulneráveis na rede.

- Impacto: Este ataque teve consequências catastróficas em vários sectores, sendo o sistema de saúde do Reino Unido (NHS) um dos mais afectados. Muitos hospitais e clínicas tiveram de suspender serviços críticos, cancelar consultas e transferir doentes devido à inoperacionalidade dos seus sistemas. Em termos económicos, estima-se que o ataque tenha causado perdas de milhares de milhões de dólares a nível mundial.

- Lições aprendidas: O WannaCry realçou a importância de manter os sistemas actualizados e de aplicar regularmente correcções de segurança. Destacou também a vulnerabilidade dos sistemas críticos que dependem de versões mais antigas de software. Na sequência deste ataque, muitas organizações reforçaram as suas políticas de atualização e adoptaram práticas de cópia de segurança dos dados para atenuar o impacto de futuros ataques.

Caso NotPetya (2017)

Um mês após o ataque WannaCry, em junho de 2017, surgiu um ataque semelhante conhecido como NotPetya. Embora parecesse ser outro ransomware, o NotPetya tinha caraterísticas e alvos diferentes. Este ataque afectou principalmente a Ucrânia, mas rapidamente se espalhou para outras partes do mundo, afectando grandes empresas.

- Propagação: O NotPetya também se propagou utilizando a vulnerabilidade EternalBlue, tal como o WannaCry, mas incluiu outros métodos de infeção, como a utilização de credenciais de utilizador roubadas para aceder a outros sistemas na mesma rede. Inicialmente, acredita-se que o NotPetya tenha sido introduzido através de uma atualização comprometida do software de contabilidade ucraniano M.E.Doc, o que permitiu aos atacantes distribuir rapidamente o malware a um grande número de sistemas.

- Modo de funcionamento: Embora o NotPetya tenha encriptado ficheiros no sistema, o seu código foi concebido de forma a não permitir a recuperação dos dados, mesmo que a vítima pagasse o resgate. Isto sugere que o principal objetivo do ataque não era o ganho financeiro, mas sim causar enormes perturbações e danos. O NotPetya actuou como uma arma cibernética, concebida para desestabilizar sistemas e redes.
- Impacto: O NotPetya afectou empresas globais como a Maersk, a Merck e a FedEx, causando perturbações significativas nas suas operações. A Maersk, uma das maiores empresas de logística do mundo, registou perdas de até 300 milhões de dólares, uma vez que o ataque desactivou os seus sistemas de logística e de expedição durante vários dias. No total, estima-se que o ataque NotPetya tenha gerado perdas de até 10 mil milhões de dólares em todo o mundo.

- Lições aprendidas: O ataque NotPetya foi um aviso sobre os riscos de confiar em software de terceiros sem uma auditoria de segurança adequada. Destacou também a importância da segmentação da rede e da utilização de uma autenticação forte, uma vez que o NotPetya explorou as credenciais da rede para se propagar internamente. Além disso, sublinhou a necessidade de um plano de recuperação de desastres para minimizar o impacto de perturbações catastróficas.

Estes casos de malware não só exemplificam o impacto económico e operacional que um ataque cibernético pode ter em organizações de todas as dimensões, como também demonstram a importância da cibersegurança num mundo digital interligado. O WannaCry e o NotPetya serviram de catalisadores para que muitas empresas revissem e reforçassem as suas políticas de segurança, actualizassem os seus sistemas e adoptassem medidas preventivas adicionais, como cópias de segurança regulares e reforço da segurança da rede.

Phishing e Ransomware: os perigos mais comuns

Phishing: Engenharia Social e Técnicas de Engano

O phishing é um método que utiliza a engenharia social para enganar os utilizadores e levá-los a revelar informações sensíveis. Este ataque finge ser uma comunicação de confiança (e-mail, mensagem SMS ou sítio Web) para roubar dados como palavras-passe, informações bancárias e muito mais.

Principais tipos de phishing

- **Phishing de correio eletrónico**: os atacantes enviam mensagens de correio eletrónico fingindo ser empresas legítimas. Exemplo: mensagens de correio eletrónico que fingem ser de bancos a solicitar a verificação da conta.
- **Spear Phishing**: ataques direcionados a indivíduos específicos utilizando informações pessoais. É mais eficaz devido à personalização.
- **Vishing e Smishing**: Phishing através de chamadas telefónicas e mensagens SMS, respetivamente, em que os

atacantes fingem ser instituições ou entidades de confiança.

Impacto do phishing nas organizações e nos utilizadores

O phishing causa milhões de dólares em perdas todos os anos. Em 2021, os ataques de phishing aumentaram significativamente, comprometendo a segurança de empresas e indivíduos. Os custos incluem fraude, tempo e recursos gastos na recuperação de contas.

Ransomware: Sequestro e extorsão de dados

O ransomware encripta ficheiros num sistema e exige um pagamento (normalmente em criptomoedas) para restaurar o acesso. Este ataque pode causar a perda total de dados críticos e a interrupção das operações.

Tipos de ransomware

Ransomware criptográfico

Este é um dos tipos mais comuns e devastadores de ransomware. **O crypto ransomware** encripta os ficheiros da vítima, tornando-os inacessíveis. O atacante exige então um resgate para fornecer a chave de desencriptação para recuperar os ficheiros.

- **Modo de funcionamento**: Depois de infetar o sistema, este ransomware seleciona ficheiros específicos, normalmente aqueles que contêm informações valiosas, como documentos, fotografias, vídeos e ficheiros de trabalho. Utiliza algoritmos de encriptação avançados (como AES ou RSA) para tornar os ficheiros irreconhecíveis e, portanto, inutilizáveis.

- **Exemplos notáveis**: **WannaCry** e **CryptoLocker**. O

WannaCry, em particular, afectou milhares de sistemas em todo o mundo em 2017, incluindo hospitais e empresas de infra-estruturas críticas.

- **Impacto**: O crypto ransomware pode causar grandes perdas financeiras, uma vez que os ficheiros encriptados são frequentemente críticos para as operações da organização ou para a vida pessoal da vítima. Além disso, a recuperação é difícil na ausência de cópias de segurança.

2. Ransomware Locker

Este tipo de ransomware, em vez de encriptar ficheiros, bloqueia o acesso do utilizador a todo o sistema. O **ransomware locker** restringe o acesso ao computador ou dispositivo afetado, apresentando uma mensagem no ecrã a pedir um resgate em troca do restabelecimento do acesso.

- **Modo de Funcionamento**: Uma vez que infecta o sistema, este ransomware exibe um ecrã de bloqueio que impede o utilizador de interagir com o seu computador. Muitas vezes, a mensagem avisa a vítima de que precisa de pagar um resgate para recuperar o acesso, e pode incluir um temporizador para pressionar o utilizador.
- **Exemplos notáveis**: Um dos exemplos iniciais foi o ransomware **WinLocker**, que apareceu em 2011. Este tipo de ransomware também é frequentemente visto em dispositivos móveis.
- **Impacto**: Embora menos prejudicial do que o crypto

ransomware, o locker ransomware pode impedir o acesso aos sistemas, afectando os utilizadores e as empresas que dependem dos dispositivos para as suas tarefas diárias. É particularmente problemático em dispositivos críticos para as operações em curso, como os dispositivos de ponto de venda.

3. Ransomware de extorsão dupla

Este ransomware combina a encriptação de ficheiros com uma segunda ameaça: a exposição dos dados roubados se o resgate não for pago. Nos últimos anos, esta técnica de extorsão dupla tornou-se popular entre os atacantes, uma vez que aumenta a pressão sobre as vítimas para que paguem.

- **Modo de funcionamento**: Na primeira fase, o atacante infiltra-se no sistema, rouba informação sensível e depois encripta os ficheiros. Se a vítima se recusar a pagar o resgate, o atacante ameaça tornar públicos os dados sensíveis ou vendê-los em mercados ilegais.
- **Exemplos notáveis**: **Maze** e **REvil**. Estes grupos de ransomware utilizaram a dupla extorsão em grandes organizações, levando a fugas de dados sensíveis.
- **Impacto**: A dupla extorsão afecta não só a disponibilidade dos dados, mas também a privacidade e a reputação da vítima. As organizações receiam a publicação de dados sensíveis, o que pode causar danos irreversíveis na confiança dos seus clientes e na sua imagem pública.

4. Ransomware como um serviço (RaaS)

O Ransomware as a Service (RaaS) é um modelo em que os criadores de ransomware oferecem o seu malware a outros atacantes em troca de uma comissão sobre o resgate. Este modelo de negócio tornou o ransomware acessível aos cibercriminosos sem conhecimentos técnicos avançados, aumentando assim o número de ataques.

- **Modo de funcionamento**: Os programadores de RaaS fornecem a infraestrutura e o software para realizar ataques de ransomware. Os "afiliados" podem aceder a esta tecnologia e lançá-la contra alvos específicos, partilhando os lucros com os programadores.
- **Exemplos notáveis**: **DarkSide** e **Ryuk** utilizaram modelos RaaS. A DarkSide, em particular, foi responsável pelo ataque contra o Colonial Pipeline em 2021.
- **Impacto**: Este modelo democratiza o ransomware e facilita a sua distribuição, aumentando o volume de ataques e afectando tanto as grandes como as pequenas e médias empresas. A infraestrutura RaaS também permite ataques organizados e direcionados a sectores específicos.

5. Ransomware para organizações sem fins lucrativos

Em alguns casos, os atacantes lançam ransomware sem a intenção de obter um resgate financeiro. Estes ataques podem ter como objetivo causar danos, enviar uma mensagem ou desestabilizar uma organização ou um país. Embora se comporte de forma semelhante a outros tipos de ransomware, os atacantes não fornecem uma chave de desencriptação ou meios para recuperar dados.

- **Modo de funcionamento**: Este tipo de ransomware infecta e encripta ficheiros sem fornecer um caminho de recuperação ou uma chave de desencriptação, tornando os dados irrecuperáveis.
- **Exemplos notáveis**: **o NotPetya**, lançado em 2017, fingia ser ransomware, mas na realidade foi concebido como uma arma cibernética para desestabilizar empresas e serviços na Ucrânia.
- **Impacto**: Estes ataques são devastadores, uma vez que não há forma de recuperar os dados, mesmo que a vítima esteja disposta a pagar. Isto pode desestabilizar organizações inteiras e causar perdas significativas sem qualquer hipótese de recuperação.

6. Cuidado

O scareware utiliza técnicas de intimidação para fazer com que as vítimas acreditem que os seus dispositivos estão infectados ou comprometidos e exige que paguem para resolver o problema. Apesar de, em muitos casos, não encriptar ficheiros, o scareware assusta o utilizador, levando-o a pagar um resgate.

- **Modo de funcionamento**: Através de anúncios pop-up ou mensagens falsas de antivírus, o scareware finge ter detectado uma infeção ou ameaça no sistema do utilizador. Para resolver o problema, solicita um pagamento para uma suposta "remoção" da ameaça.
- **Exemplos notáveis**: Programas como o **FakeAV** e o **Security Tool** são exemplos de scareware, concebidos para fingirem ser falsas ferramentas de segurança.
- **Impacto**: Embora possa não causar danos diretos ao sistema, o scareware induz os utilizadores menos informados a gastar dinheiro numa falsa "solução". Pode levar à ansiedade e à perda de confiança nas verdadeiras ferramentas de segurança.

Estes tipos de ransomware representam diferentes tácticas e alvos, desde a encriptação de dados e a perturbação do sistema até à exploração da privacidade dos dados. A diversificação das estratégias de ransomware torna necessária a adoção de uma combinação de medidas de segurança, como a educação dos utilizadores, a cópia de segurança dos dados e a monitorização constante da rede, para minimizar o risco de ataques e proteger os activos digitais das organizações e dos utilizadores individuais.

Ryuk

O ransomware **Ryuk** é um dos exemplos mais conhecidos e mais destrutivos deste tipo de malware. É um tipo de ransomware direcionado para grandes empresas, instituições governamentais e hospitais, concebido para causar o máximo de danos possível e maximizar os lucros obtidos através da extorsão.

- **História e origem**: Ryuk apareceu pela primeira vez em 2018, ligado a um grupo de cibercriminosos conhecido como Wizard Spider, com sede na Rússia. O Ryuk tem sido usado em ataques direcionados, onde as vítimas que têm recursos para pagar um resgate elevado são cuidadosamente estudadas e selecionadas.

- **Método de propagação**: O Ryuk é normalmente propagado através de ataques de phishing bem planeados ou através de outro malware auxiliar, como o **Emotet** e **o TrickBot**, que actuam como gateways para o Ryuk infetar sistemas. Estes programas auxiliares permitem ao atacante infiltrar-se na rede da vítima, aumentar os privilégios e, finalmente, lançar o Ryuk nos sistemas chave da organização.

- **Impacto**: Os ataques Ryuk afetaram gravemente empresas em setores como os cuidados de saúde, os serviços financeiros e a logística, onde o tempo de inatividade tem graves repercussões económicas e operacionais. Por exemplo, em 2019, vários hospitais nos EUA foram forçados a suspender os serviços, uma vez que os seus sistemas de dados médicos foram bloqueados pelo Ryuk. Os valores dos resgates chegaram a atingir vários milhões de dólares, dependendo da capacidade de pagamento da organização e do valor dos dados encriptados.

- **Estratégia de extorsão**: O Ryuk foi concebido para causar perturbações tão graves que as organizações afectadas são pressionadas a pagar rapidamente o resgate. Os atacantes utilizam uma tática de pressão com duas vertentes: primeiro, ameaçam destruir os dados se o pagamento não for efectuado; depois, se a organização continuar a não pagar, ameaçam divulgar as informações confidenciais obtidas.

Estratégias de proteção contra phishing e ransomware

Dado o impacto das ameaças de phishing e ransomware, é essencial que as organizações e os utilizadores implementem medidas preventivas para minimizar o risco de infeção e responder rapidamente em caso de ataque.

1. Educação e sensibilização dos utilizadores

A formação em cibersegurança é a primeira linha de defesa contra o phishing e o ransomware. As organizações devem formar os seus empregados para reconhecerem mensagens e e-mails suspeitos e compreenderem os riscos de clicar em ligações desconhecidas ou descarregar anexos não verificados.

Os programas de simulação de phishing ajudam a avaliar e a melhorar a resposta dos funcionários a mensagens de correio eletrónico de phishing.

2. Filtragem de correio eletrónico e segurança de rede

Implemente filtros de correio eletrónico avançados que possam detetar e bloquear mensagens de correio eletrónico de phishing antes de chegarem aos utilizadores.

Utilizar firewalls e sistemas de deteção e prevenção de intrusões (IDS/IPS) para monitorizar e analisar o tráfego de rede em busca de padrões de ataque suspeitos.

3. Cópias de segurança e recuperação de dados

Efectue regularmente cópias de segurança dos dados críticos para locais seguros e offline. Isto garante que, se ocorrer um ataque de ransomware, os dados podem ser restaurados sem a necessidade de pagar o resgate.

Testar periodicamente os procedimentos de recuperação de dados para garantir que as cópias de segurança são restauradas corretamente e estão protegidas contra o acesso não autorizado.

4. Software Anti-Phishing e Anti-Ransomware

Utilizar software de segurança especializado que detecte e bloqueie tanto as técnicas de phishing como o ransomware. As ferramentas anti-ransomware são capazes de detetar comportamentos suspeitos, como a encriptação de ficheiros em massa, e de bloquear estas actividades antes que se espalhem pela rede.

Atualizar regularmente todos os sistemas de segurança e software antivírus para que possam detetar e bloquear as mais recentes variantes de ransomware e outro malware auxiliar, como o Emotet e o TrickBot.

5. Implementação da Autenticação Multifactor (MFA)

Utilize a MFA para proteger o acesso a redes e sistemas críticos. A MFA acrescenta uma camada adicional de segurança, exigindo que os utilizadores verifiquem a sua identidade através de vários factores (como um código SMS ou uma aplicação de autenticação), dificultando o acesso dos atacantes.

6. Segmentação da rede e restrição de privilégios

Implementar a segmentação da rede para limitar o âmbito de um ataque se ocorrer uma infeção. Isto implica dividir a rede em segmentos isolados, de modo a que, se uma parte da rede for comprometida, o ransomware ou malware não se possa propagar facilmente a outros sistemas.

Utilizar o princípio do **menor privilégio**, assegurando que os utilizadores apenas têm acesso aos dados e sistemas necessários para as suas funções. Isto limita a capacidade do atacante de aumentar os privilégios e aceder a informações críticas caso se infiltre na rede.

O phishing e o ransomware são ameaças cada vez mais sofisticadas e persistentes no atual ambiente cibernético. Os ataques de phishing facilitam a introdução de ransomware como o Ryuk, um exemplo notável de como estas ameaças podem causar perturbações operacionais significativas e perdas financeiras. A implementação de estratégias preventivas, como a formação em segurança, a cópia de segurança dos dados e a utilização de autenticação multifactor, pode ajudar a reduzir significativamente o risco destes ataques e a proteger a integridade dos dados e sistemas das organizações.

Ataques DDoS e a ameaça à disponibilidade do serviço

O que é um ataque DDoS?

Os ataques de *negação de serviço* **distribuído (DDoS)** procuram desativar um servidor, um sítio Web ou um serviço em linha, sobrecarregando a sua infraestrutura com um tráfego excessivo de pedidos. Ao consumir todos os recursos do sistema, os atacantes tornam o serviço inacessível aos utilizadores legítimos, causando perturbações que podem ser muito dispendiosas para as empresas e organizações afectadas.

Estes ataques utilizam normalmente redes de dispositivos comprometidos, conhecidos como **botnets**, que são controlados pelos atacantes para coordenar a emissão em massa de pedidos. Os ataques DDoS podem durar de alguns minutos a dias ou semanas, dependendo dos alvos e recursos dos atacantes.

Tipos de ataques DDoS

Existem vários tipos de ataques DDoS, cada um destinado a explorar vulnerabilidades específicas no sistema ou rede visados:

Ataques de volume

Os ataques de volume são concebidos para saturar a largura de banda do sistema visado, inundando-o com uma grande quantidade de tráfego de dados. Os ataques de volume podem consumir rapidamente a largura de banda disponível, tornando os serviços lentos ou completamente inacessíveis.

- **Exemplo**: inundação UDP *(UserDatagram Protocol)*, em que os atacantes enviam um grande número de pacotes UDP forjados para o servidor para sobrecarregar a largura de banda.
- **Impacto**: Estes ataques podem afetar a velocidade da ligação e, em casos graves, causar a interrupção total dos serviços de rede.

Ataques ao protocolo

Os ataques de protocolo exploram as fraquezas dos protocolos de comunicação de rede, como o TCP/IP, para interromper o serviço. Estes ataques consomem recursos de rede e podem fazer colapsar o sistema ao transbordar as tabelas de ligação nos servidores e dispositivos intermédios.

- **Exemplo**: ataques de inundação SYN, em que são enviados vários pedidos SYN (sem terminar a ligação) para esgotar os recursos de ligação do servidor.
- **Impacto**: Danificam o protocolo de comunicação e tornam o servidor incapaz de tratar pedidos legítimos. São especialmente eficazes contra sistemas sem medidas de

segurança adequadas.

Ataques à camada de aplicação (camada 7)

Os ataques ao nível das aplicações são ataques específicos que visam serviços ou aplicações que funcionam no nível das aplicações (nível 7 do modelo OSI). Ao contrário de outros tipos de ataques, os ataques ao nível das aplicações são mais difíceis de detetar porque simulam o comportamento de utilizadores legítimos.

- **Exemplo**: ataque de inundação HTTP, em que são enviados vários pedidos HTTP para o servidor, simulando o acesso de utilizadores legítimos para sobrecarregar o sítio Web.
- **Impacto**: Este tipo de ataque pode afetar sítios de comércio eletrónico, serviços bancários em linha e outros sistemas críticos que dependem de uma disponibilidade constante para os seus utilizadores.

Impacto dos ataques DDoS nas organizações

Os ataques DDoS representam uma séria ameaça à disponibilidade de serviços em linha e podem ter um impacto significativo na reputação, nas receitas e nas operações de uma organização. Alguns dos principais efeitos incluem:

- **Perda de receitas**: Quando um ataque DDoS afecta uma empresa de comércio eletrónico ou de serviços financeiros, cada minuto de inatividade representa uma perda direta de receitas. Para as empresas que dependem de serviços online, como lojas de comércio eletrónico ou plataformas de jogos, a interrupção pode ser particularmente dispendiosa.

- **Danos à reputação**: A indisponibilidade de um serviço pode afetar a perceção do público e reduzir a confiança na empresa. Os utilizadores esperam que as organizações de serviços em linha ofereçam um acesso seguro e fiável. Se um sítio Web for frequentemente atacado, os clientes podem duvidar da capacidade da empresa para proteger os seus dados.
- **Custos de recuperação e mitigação**: Após um ataque, as empresas podem ter de suportar despesas significativas para restaurar o serviço, incluindo a contratação de serviços de mitigação de DDoS, a reparação da infraestrutura afetada e, em alguns casos, o pagamento a fornecedores externos para implementar soluções preventivas.

Estudos de caso de ataques DDoS

Caso Dyn (2016)

Em outubro de 2016, uma série de ataques DDoS maciços dirigidos ao fornecedor de serviços DNS Dyn causou perturbações globais em sítios Web populares como o Twitter, Spotify, Reddit e Amazon. O ataque utilizou uma botnet de dispositivos IoT comprometidos (como câmaras de segurança e routers) através do malware **Mirai**.

- **Método**: A Mirai procurou na Internet dispositivos IoT vulneráveis utilizando credenciais de fábrica e infectou-os, formando uma rede de bots. O botnet lançou então um ataque de volume que afectou o Dyn, causando falhas no DNS e tornando inoperacionais os sítios em todo o mundo.

- **Impacto**: Este ataque pôs em evidência a vulnerabilidade dos dispositivos IoT e o seu potencial para serem utilizados em ataques DDoS. Foi uma importante chamada de atenção para a necessidade de segurança nos dispositivos ligados.

Caso GitHub (2018)

Em 2018, o sítio de desenvolvimento colaborativo GitHub sofreu o maior ataque DDoS registado até à data, com o volume de tráfego a atingir 1,35 Tbps. O ataque utilizou uma técnica chamada **amplificação memcached**, em que os atacantes exploraram servidores memcached mal configurados para aumentar o volume do ataque.

- **Método**: Os atacantes enviaram pedidos falsos aos servidores memcached, que, por sua vez, responderam com grandes volumes de dados para o sítio Web do GitHub, aumentando a quantidade de tráfego recebido.
- **Impacto**: O GitHub conseguiu mitigar o ataque em poucos minutos graças à sua infraestrutura de defesa, mas o ataque demonstrou a capacidade dos cibercriminosos para lançar ataques maciços num curto espaço de tempo.

Estratégias de defesa contra ataques DDoS

Para se protegerem contra os ataques DDoS, as organizações devem adotar uma combinação de medidas preventivas e tecnologias de atenuação para gerir o tráfego malicioso e minimizar o impacto nos serviços legítimos.

Implementação de Firewalls e Sistemas de Deteção de Intrusão (IDS)

As firewalls e os sistemas IDS podem monitorizar e filtrar o tráfego de rede para detetar padrões de ataque DDoS. Embora as firewalls não consigam impedir um ataque em grande escala, ajudam a reduzir o tráfego malicioso nas fases iniciais de um ataque.

Serviços de mitigação de DDoS

Muitas empresas optam por contratar serviços especializados de atenuação de DDoS, que dispõem de infra-estruturas avançadas para detetar e desviar o tráfego de ataque antes de este atingir a rede da organização. Estes serviços podem incluir soluções baseadas na nuvem que são dimensionadas automaticamente para lidar com grandes volumes de tráfego malicioso.

Redes de distribuição de conteúdos (CDN)

As CDNs distribuem o conteúdo de um sítio Web por vários servidores em todo o mundo, reduzindo a carga num único servidor e melhorando a capacidade de resposta em caso de ataque. As CDNs também podem fornecer capacidades de mitigação de DDoS, redireccionando o tráfego e limitando o impacto na infraestrutura central da organização.

Balanceamento de carga

A utilização de **balanceadores de carga** permite que o tráfego seja distribuído por vários servidores para evitar que um único servidor fique sobrecarregado. O balanceamento de carga é uma técnica eficaz para lidar com picos de tráfego e reduzir o risco de colapso da infraestrutura.

Escalabilidade e resiliência da infraestrutura de nuvem

As plataformas em nuvem oferecem a capacidade de dimensionar a infraestrutura em tempo real para corresponder ao volume de tráfego. Isto permite que os sistemas absorvam os picos de tráfego causados por um ataque DDoS sem interromper o serviço.

Implementação de políticas de limitação de taxa

As políticas de limite de taxa podem restringir o número de pedidos que um utilizador pode fazer num determinado período. Isto limita o impacto dos ataques à camada de aplicação, como os ataques de inundação HTTP, impedindo que um único utilizador ou endereço IP envie um grande número de pedidos.

Os ataques DDoS representam uma ameaça constante à disponibilidade de serviços online e podem ter um impacto devastador nas organizações, tanto em termos financeiros como de reputação. As estratégias de defesa e as tecnologias de mitigação de DDoS são essenciais para garantir que os sistemas permaneçam operacionais, mesmo sob ataque. A implementação de soluções como CDN, serviços de atenuação na nuvem e firewalls ajuda a minimizar o risco de perturbação e a proteger os activos.

Capítulo 3: Estratégias de defesa no domínio da cibersegurança

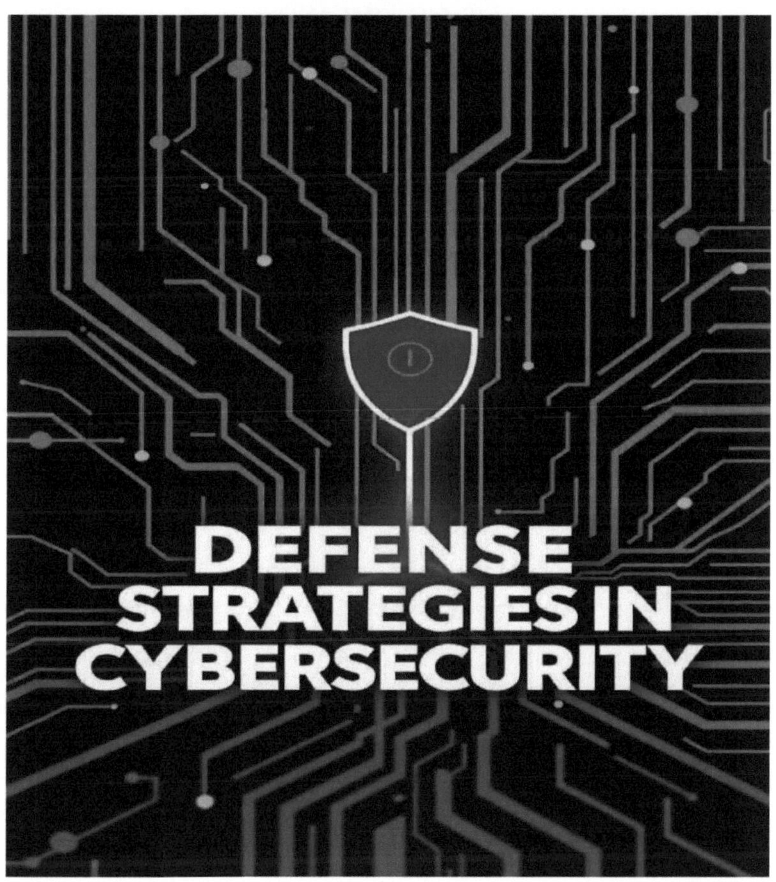

Autenticação multifactor e encriptação: a primeira linha de defesa

A autenticação multi-fator (MFA) tornou-se um padrão para garantir que o acesso a contas e sistemas críticos está devidamente protegido. Ao contrário da autenticação tradicional, que se baseia apenas numa **palavra-passe**, a MFA exige que o utilizador forneça mais do que um fator de autenticação. Isto torna o acesso significativamente mais difícil para os atacantes, mesmo que consigam obter uma das credenciais do utilizador. Os factores habitualmente utilizados incluem:

- **Algo que o utilizador conhece**: uma palavra-passe ou PIN. Embora seja o fator mais comum, não é suficiente por si só devido à sua vulnerabilidade a ataques como o **phishing** ou **a força bruta**.

- **Algo que o utilizador possui**: um token de segurança, um cartão inteligente ou uma aplicação de autenticação (como o Google Authenticator ou o Authy). Estas aplicações geram códigos temporários que têm de ser introduzidos juntamente com a palavra-passe, o que acrescenta uma camada extra de segurança.

- **Algo que o utilizador é**: a biometria, como as impressões digitais, o reconhecimento facial ou a identificação da íris. Estes factores estão a tornar-se cada vez mais comuns, especialmente em dispositivos móveis e sistemas de alta segurança.

O MFA é uma defesa crucial contra muitos tipos de ataques,

especialmente os que se centram no **phishing**. Embora a palavra-passe de um utilizador possa ser facilmente obtida através de técnicas **de phishing** ou **de keylogging**, um atacante que não possua o segundo fator, como o telemóvel do utilizador, não conseguirá concluir o acesso.

As vantagens adicionais da AMF incluem:

- **Redução do risco de acesso não autorizado**: Mesmo que um atacante obtenha a palavra-passe, continuará a precisar do segundo fator de autenticação.
- **Maior proteção para serviços críticos**: a autenticação multifunções é especialmente importante para plataformas como bancos, serviços de correio eletrónico e redes sociais, onde o acesso não autorizado pode ter consequências graves.
- **Conformidade**: Muitos regulamentos e normas de segurança, como o **PCI-DSS** e **o GDPR**, exigem a implementação de MFA para proteger as informações pessoais e financeiras dos utilizadores.

A encriptação, por outro lado, é um processo fundamental que garante a confidencialidade e a integridade dos dados, mesmo que sejam interceptados. A encriptação aplica-se tanto a dados **em trânsito** (quando viajam através de redes) como a dados **em repouso** (quando são armazenados em discos, **bases de** dados, etc.). Existem vários tipos de algoritmos de encriptação, mas os mais comuns e robustos incluem

- **AES (Advanced Encryption Standard)**: Este algoritmo de encriptação simétrica é amplamente utilizado e é considerado altamente seguro. No AES, é utilizada a mesma chave para encriptar e desencriptar dados, e a sua variante AES-256 é uma das mais recomendadas devido ao seu nível de segurança.

- **RSA (Rivest-Shamir-Adleman)**: Um algoritmo de encriptação assimétrica que utiliza um par de chaves pública-privada. A chave pública é utilizada para encriptar dados, enquanto a chave privada é utilizada para desencriptar dados. É normalmente utilizado em aplicações como **SSL/TLS** para proteger a comunicação na Web.
- **TLS/SSL (Transport Layer Security/Secure Sockets Layer)**: Embora o SSL já não seja considerado completamente seguro, o TLS continua a ser a tecnologia utilizada para proteger as comunicações através da Web. O TLS encripta a ligação entre o servidor e o cliente, impedindo que os atacantes interceptem ou modifiquem as informações transmitidas.

A encriptação não só garante a **confidencialidade** da informação, como também protege contra a **integridade** dos dados, impedindo que estes sejam alterados sem serem detectados. Para garantir um nível adequado de proteção, é essencial utilizar protocolos e algoritmos de encriptação actualizados e também garantir que as chaves de encriptação são geridas de forma segura.

Importância da gestão das chaves de encriptação:

- **Rotação e armazenamento seguro**: As chaves de encriptação devem ser regularmente rodadas e armazenadas de forma segura, utilizando ferramentas como os **HSM**

(Módulos de Segurança de Hardware), que permitem uma gestão de chaves mais robusta.

- **Cópia de segurança e recuperação**: É crucial dispor de mecanismos de cópia de segurança das chaves e de políticas de recuperação de desastres, uma vez que a perda de chaves de encriptação pode resultar na perda irreversível de dados.

Firewalls, IDS e IPS: ferramentas para monitorização e prevenção

As ferramentas de monitorização e prevenção, como as **firewalls**, **os sistemas de deteção de intrusão (IDS)** e **os sistemas de prevenção de intrusão (IPS)**, são componentes essenciais em qualquer estratégia de ciberdefesa. Estas tecnologias trabalham em conjunto para proteger a infraestrutura e os sistemas de rede, garantindo que o tráfego legítimo flui sem problemas, ao mesmo tempo que bloqueiam o acesso malicioso e detectam actividades suspeitas.

Firewalls

As firewalls funcionam como um **filtro** entre as redes internas e externas, controlando o tráfego de entrada e de saída. Podem ser **hardware** ou **software**, e a sua principal função é aplicar regras predefinidas para permitir ou recusar ligações com base no tipo de tráfego, endereço IP, porta, protocolo e outros factores.

Existem diferentes tipos de firewalls, incluindo:

- **Firewalls de filtragem de pacotes**:
  Estas firewalls inspeccionam os pacotes de dados que passam

pela rede e filtram-nos de acordo com regras pré-determinadas. Se o pacote satisfizer os critérios definidos (por exemplo, endereço IP, porta ou protocolo), o acesso é permitido; caso contrário, é bloqueado.

- **Firewalls de Inspeção Profunda de Pacotes (DPI)**: São mais avançadas do que as firewalls tradicionais, uma vez que verificam não só os cabeçalhos dos pacotes de dados, mas também o conteúdo do pacote para detetar padrões de ameaças ou vírus. Isto torna possível detetar ataques mais sofisticados.
- **Firewalls de próxima geração (NGFW)**: são uma evolução das firewalls tradicionais e incluem capacidades avançadas, como a inspeção de tráfego encriptado, a integração de informações sobre ameaças e a capacidade de identificar e bloquear aplicações e comportamentos maliciosos, como botnets **C2 (Comando e Controlo)**.

As firewalls ajudam a impedir o acesso não autorizado e são essenciais para criar uma **zona desmilitarizada (DMZ)** na infraestrutura de rede, separando as redes públicas (como a Internet) das redes internas (como a intranet da empresa).

Sistemas de deteção de intrusão (IDS)

Um **IDS** é um sistema que monitoriza o tráfego de rede ou os sistemas informáticos para detetar **comportamentos suspeitos** que possam indicar uma tentativa de ataque ou intrusão. O objetivo de um IDS é **detetar** ataques em tempo real, mas não bloqueá-los automaticamente. Em vez disso, um IDS gera **alertas** para que os administradores de segurança possam analisar e tomar medidas corretivas.

Existem dois tipos principais de IDS:

- **IDS baseado em rede (NIDS)**: Monitoriza o tráfego que flui através da rede, procurando padrões ou anomalias que correspondam a assinaturas de ataque conhecidas (tais como exames de portas ou tráfego de bots).
- **IDS baseado no anfitrião (HIDS)**: Monitoriza eventos específicos num anfitrião ou dispositivo, tais como registos do sistema operativo, acesso a ficheiros e alterações de software. É eficaz na deteção de ataques internos ou de ataques que visam vulnerabilidades específicas num dispositivo.

Os IDSs podem identificar uma ampla gama de ameaças, como **varreduras de portas**, **explorações** de vulnerabilidades, **tentativas de escalonamento de privilégios**, entre outras. No entanto, a sua capacidade de prevenir intrusões é limitada, uma vez que não têm a capacidade de bloquear o tráfego automaticamente. A sua principal função é a **deteção precoce de** ameaças.

Sistemas de prevenção de intrusões (IPS)

Os IPSs são semelhantes aos IDSs, mas com uma diferença fundamental: **não só detectam** ataques, como **impedem** ativamente o acesso malicioso, bloqueando o tráfego **em tempo real**. Quando o

IPS detecta uma ameaça, interrompe a ligação do atacante ou bloqueia o pacote malicioso antes que este possa causar danos à rede.

Os IPS podem atuar de diferentes formas:

- **IPS de assinatura**: Utiliza uma base de dados de assinaturas de ataque conhecidas e compara o tráfego com essas assinaturas. Se o tráfego corresponder a uma assinatura de ataque, o IPS bloqueia o tráfego suspeito.
- **IPS baseado em anomalias**: em vez de procurar assinaturas conhecidas, o IPS analisa o comportamento da rede e cria um perfil normal do tráfego. Se detetar um desvio significativo deste padrão, classifica-o como um potencial ataque e bloqueia o tráfego.
- **IPS híbrido**: Combina caraterísticas de ambas as abordagens, utilizando a deteção de assinaturas e a análise de anomalias para melhorar a deteção e a prevenção de ameaças.

Importância e principais diferenças

- **Firewalls**: Fornecem uma barreira básica que permite o tráfego legítimo e bloqueia o tráfego não autorizado. São a primeira linha de defesa e devem ser bem configuradas.
- **IDS**: Centram-se na deteção de comportamentos suspeitos e alertam os administradores, mas não impedem automaticamente os ataques. São essenciais para detetar

ataques **de dia zero** ou novas ameaças.

- **IPS**: Oferece uma camada mais avançada de proteção, não só detectando ameaças, mas também agindo para impedir que as ameaças afectem o sistema ou a rede.

Em resumo, enquanto **as firewalls** protegem as redes e **os IDS/IPS** se concentram na deteção e prevenção de intrusões, em conjunto formam um sistema de defesa abrangente que proporciona uma monitorização constante, a prevenção do acesso não autorizado e a capacidade de detetar e atenuar os ataques em tempo real.

Sensibilização e formação: Preparar o pessoal para se defender

A sensibilização e **a formação em cibersegurança** são componentes fundamentais de uma estratégia de segurança abrangente. Embora as tecnologias avançadas, como firewalls, IDS, IPS e autenticação multifactor, sejam essenciais para proteger os sistemas, o elo mais fraco da cadeia de defesa continua a ser **o ser humano**. Os atacantes exploram frequentemente as vulnerabilidades humanas através de tácticas como o **phishing**, **a engenharia social** e **os erros operacionais**. É por isso que **a formação contínua** e uma **cultura organizacional centrada na segurança** são cruciais para reduzir os riscos.

Sensibilização para a cibersegurança

A sensibilização para a cibersegurança consiste em sensibilizar os trabalhadores para as ameaças à segurança e para as práticas que devem adotar no seu trabalho quotidiano. Um programa de sensibilização eficaz tem vários objectivos, incluindo

- **Reconhecer as ameaças**: Os empregados devem ser capazes de identificar os diferentes tipos de ciberataques, como **phishing**, **malware**, **ransomware**, **ataques DDoS**, e como se podem proteger contra eles.

    - **Phishing**: A formação deve incluir exemplos de mensagens de correio eletrónico fraudulentas e a forma de as evitar, como verificar a autenticidade do remetente, não clicar em ligações suspeitas e não descarregar anexos de fontes não confiáveis.

    - **Ransomware**: explicar como este tipo de ataque pode ser feito através de e-mails, sítios Web maliciosos ou ligações infectadas e como se pode proteger fazendo cópias de segurança regulares e actualizando o seu software.

- **Boas práticas**: Ensine as práticas básicas de segurança que os empregados devem seguir na sua vida profissional e pessoal, como a utilização de palavras-passe **fortes**, a **mudança regular de palavras-passe** e **a autenticação multifactor**.

    - **Palavras-passe fortes**: Os empregados devem compreender a importância de não reutilizarem as palavras-passe e de utilizarem combinações de letras, números e caracteres especiais.

    - **Autenticação multi-fator (MFA)**: Reforçar que a ativação da MFA acrescenta uma camada extra de segurança, especialmente em serviços críticos.

- **Políticas e regulamentos de segurança**: Os funcionários devem estar familiarizados com as políticas de segurança da organização, tais como as regras sobre a utilização de dispositivos pessoais na rede da empresa (BYOD), a classificação e proteção de informações sensíveis e as orientações para a utilização de redes Wi-Fi públicas.

Formação em cibersegurança

A formação em cibersegurança vai além da sensibilização e fornece aos empregados os conhecimentos técnicos e as competências necessárias para gerir eficazmente as ameaças. Isto inclui formação básica para todos os funcionários e formação avançada para funções específicas, como administradores de sistemas e pessoal de TI.

- **Formação básica**: Nesta formação, os empregados aprendem os fundamentos da cibersegurança, como identificar mensagens de correio eletrónico fraudulentas, como tratar informações sensíveis e como responder a incidentes. Além disso, deve ser ensinada a utilização de ferramentas de segurança básicas, como antivírus e **firewalls pessoais**.

- **Formação avançada**: Este tipo de formação destina-se ao pessoal de TI e aos profissionais de cibersegurança. Inclui temas mais técnicos, como a **configuração de firewalls**, **a gestão de incidentes**, a análise forense de ciberataques e a proteção de infra-estruturas críticas. É também importante ensinar **criptografia**, **monitorização de redes** e utilização de

sistemas de deteção e prevenção de intrusões (IDS/IPS).

- **Simulações de ataques**: exercícios práticos **de simulação de ataques**, como ataques de phishing, **incidentes de segurança simulados** ou testes de penetração (pen tests), permitem que os funcionários experimentem em tempo real como reagir a um ciberataque. Isto também ajuda a melhorar a capacidade de reação e a identificar os pontos fracos dos sistemas de defesa.
- **Gestão de incidentes**: É essencial formar o pessoal sobre a forma de responder a um incidente de segurança. Isto inclui identificar o ataque, comunicá-lo, tomar medidas imediatas para mitigar os danos e coordenar a resposta com outros departamentos e especialistas. Deve ser implementado um **plano de resposta a incidentes** que especifique os procedimentos a seguir em caso de violação da segurança.

Cultura de segurança organizacional

Promover uma **cultura organizacional de cibersegurança** significa integrar a segurança em todos os aspectos da empresa, desde a tomada de decisões até às operações quotidianas. Isto inclui:

- **Compromisso dos quadros superiores**: Os dirigentes das organizações devem dar o exemplo sobre a importância da cibersegurança e demonstrar um empenho ativo na proteção dos activos digitais. A segurança deve ser integrada nos objectivos e políticas da empresa.

- **Reforço positivo**: Recompensar e reconhecer os empregados que seguem boas práticas de cibersegurança pode motivar outros a fazer o mesmo. Isto pode incluir incentivos ou reconhecimento formal para aqueles que demonstram uma implementação exemplar das práticas de segurança.
- **Atualização contínua**: Como as ciberameaças evoluem rapidamente, é essencial que a formação e a sensibilização sejam **contínuas** e que sejam feitas actualizações regulares sobre novas ameaças, tecnologias e protocolos de segurança. Além disso, deve ser ministrada formação adicional aos funcionários sempre que sejam implementadas novas ferramentas ou processos de segurança.

Benefícios da sensibilização e da formação

1. **Reduzir os incidentes de segurança**: Ao formar corretamente o pessoal, reduz-se a probabilidade de os funcionários caírem em armadilhas de engenharia social, como o phishing.
2. **Respostas rápidas e eficazes**: O pessoal com formação adequada pode identificar, atenuar e comunicar rapidamente as ameaças, minimizando o impacto dos incidentes.
3. **Conformidade**: A formação em segurança também ajuda as organizações a cumprir os regulamentos e as normas de segurança, como o **RGPD** ou **o PCI-DSS**, que exigem que os funcionários recebam formação sobre proteção de dados.

A sensibilização e a formação em cibersegurança são pilares fundamentais de qualquer estratégia de ciberdefesa. Ao formar o pessoal e promover uma cultura organizacional de segurança, as empresas não só protegem os seus activos digitais, como também capacitam os seus empregados para actuarem como **primeira linha de defesa** contra as ciberameaças.

Capítulo 4: Gestão de incidentes e resposta a ciberataques

Deteção precoce: Identificar os sinais de um incidente

A deteção precoce é um dos pilares mais importantes de uma resposta eficaz aos ciberataques. Detetar um incidente o mais cedo possível permite-lhe minimizar os danos, conter a ameaça e ativar os planos de resposta de forma eficiente. Para conseguir uma deteção precoce eficaz, é essencial dispor de um sistema de monitorização adequado, bem como da capacidade de identificar padrões ou comportamentos invulgares nos sistemas e redes.

Monitorização contínua da infraestrutura

A monitorização contínua é essencial para detetar actividades suspeitas antes de estas evoluírem para um incidente de maior escala. Os sistemas devem ser configurados para fornecer visibilidade total dos componentes da infraestrutura e das aplicações.

- **Sistemas de monitorização da rede (NMS)**: Estas ferramentas permitem a observação em tempo real do tráfego da rede, identificando aumentos invulgares no volume de dados ou padrões anómalos na comunicação entre dispositivos. Por exemplo, num ataque **DDoS**, o sistema pode detetar um aumento dramático no tráfego de entrada para um servidor, indicando uma tentativa de saturar a rede.

- **Sistemas de monitorização de aplicações**: As aplicações também precisam de ser monitorizadas para detetar comportamentos anómalos, como pedidos de acesso invulgares ou comportamentos maliciosos dos utilizadores. **Os sistemas de deteção de intrusões (IDS)** podem identificar padrões que sugerem que um atacante está a explorar vulnerabilidades numa aplicação Web, como um ataque **de injeção de SQL**.
- **Monitorização da integridade dos ficheiros e dos registos**: As ferramentas que monitorizam **a integridade dos ficheiros** podem detetar alterações não autorizadas ou a adição de ficheiros maliciosos. **Os registos** do sistema (registos de eventos) são essenciais para a deteção precoce de um ataque, uma vez que cada ação num sistema gera registos detalhados. A monitorização destes registos pode indicar atividade não autorizada, como tentativas de acesso ou modificação de ficheiros importantes.

Análise de logs e dados de eventos

Os registos gerados por servidores, aplicações e dispositivos de rede são uma fonte inestimável de deteção precoce. A análise destes registos pode ajudar a identificar comportamentos invulgares que podem ser indicativos de um ataque.

- **Análise de registos em tempo real**: A utilização de ferramentas como o **SIEM (Security Information and Event Management)** permite a recolha e a correlação de registos em tempo real. As soluções SIEM podem identificar padrões anómalos, como o acesso fora de horas a ficheiros ou sistemas, várias tentativas de início de sessão falhadas ou alterações não autorizadas a configurações críticas.

- **Análise de registos de segurança**: Os registos de **firewalls**, **IDS/IPS** e **sistemas antivírus** fornecem informações importantes sobre possíveis tentativas de intrusão, tráfego malicioso detectado e outros sinais de atividade suspeita. Os registos também podem conter detalhes sobre a localização, o tipo de ataque e os recursos comprometidos, o que é crucial para uma resposta rápida.

Indicadores de compromisso (IoCs)

Os Indicadores de Compromisso (IoCs) são artefactos que podem indicar que uma rede ou sistema foi comprometido. Estes podem incluir endereços IP maliciosos, assinaturas de malware, hashes de ficheiros corrompidos ou domínios maliciosos. Ter uma base de dados actualizada de IoCs e monitorizar estes indicadores na infraestrutura ajuda a detetar rapidamente os comprometimentos de segurança.

- **IoCs comuns**: os exemplos incluem:
  - **Endereços IP** dos servidores de comando e controlo utilizados pelos atacantes.
  - **URLs ou domínios** relacionados com o malware ou com as actividades do atacante.
  - **Hashes de ficheiros maliciosos** que correspondem a malware conhecido.

- **Sinais de execução anormal** de scripts ou processos desconhecidos.

A implementação de sistemas que podem pesquisar automaticamente **os registos** de rede ou as bases de dados IoC pode melhorar significativamente a capacidade de detetar incidentes em tempo útil.

Comportamento anómalo do utilizador

Muitos ciberataques, como o **phishing**, **o phishing** ou **o movimento lateral** (quando um atacante se desloca dentro de uma rede depois de comprometer um sistema), começam frequentemente com o acesso legítimo de um utilizador comprometido. A monitorização do comportamento do utilizador pode fornecer sinais precoces de que um sistema foi infiltrado.

- **Análise do comportamento do utilizador (UBA)**: As ferramentas **de análise do comportamento do utilizador e da entidade (UEBA)** podem identificar padrões anómalos na atividade do utilizador, tais como um volume de descarregamento invulgar, o acesso a recursos não autorizados ou inícios de sessão a partir de localizações geográficas invulgares.
- **Autenticação e acesso**: Um aumento das tentativas de início de sessão falhadas, a utilização de credenciais de dispositivos não reconhecidos ou de localizações invulgares, ou o acesso a dados fora de horas são sinais que devem ser monitorizados

de perto. Estes comportamentos podem indicar um **ataque de força bruta**, uma tentativa **de phishing** ou a presença de **malware** que tenha comprometido as credenciais.

Indicadores de malware e software malicioso

Os ataques **de malware** podem assumir muitas formas, desde simples vírus a **ransomware** sofisticado. Identificar a presença de malware numa fase inicial é fundamental para mitigar os efeitos de um ataque.

- **Assinaturas de malware**: As soluções antivírus e as ferramentas de deteção de malware podem identificar ficheiros maliciosos nos sistemas e as suas assinaturas caraterísticas. Os ficheiros ou processos que não correspondam à assinatura de software legítimo devem ser investigados imediatamente.
- **Comportamento do malware**: As ferramentas de análise dinâmica e de **"sandboxing"** podem ajudar a detetar o comportamento do malware, como a comunicação com servidores de comando e controlo ou a modificação de ficheiros e definições do sistema. O malware pode tentar esconder-se, pelo que é fundamental monitorizar os processos e as alterações aos ficheiros críticos.

Ferramentas avançadas para a deteção precoce

Para melhorar a deteção precoce, as organizações podem

utilizar ferramentas avançadas de cibersegurança que integram múltiplas fontes de dados e análises automatizadas para identificar padrões suspeitos mais rapidamente.

- **Inteligência artificial (IA) e aprendizagem automática (ML)**: as soluções baseadas em IA e ML são concebidas para aprender padrões normais no tráfego de rede e nas actividades do sistema. Ao analisar grandes quantidades de dados, estas ferramentas podem identificar comportamentos anómalos ou novas tácticas utilizadas pelos atacantes, mesmo que não tenham sido previamente documentadas.
- **Análise preditiva**: A análise preditiva pode ajudar a prever potenciais vectores de ataque com base em tendências históricas e dados actuais. Deste modo, as organizações podem antecipar os ataques e adotar medidas preventivas antes que estes se concretizem.

A deteção precoce depende da monitorização constante, da análise eficaz dos registos, da utilização de ferramentas de informação sobre ameaças e da capacidade de identificar padrões anómalos no comportamento do sistema ou dos utilizadores. A existência de uma infraestrutura sólida de **monitorização e análise** ajuda a identificar potenciais ataques nas suas fases iniciais e a tomar as medidas adequadas para atenuar os riscos. Se implementada corretamente, a deteção precoce pode reduzir significativamente o impacto de um ciberataque e facilitar uma resposta rápida e eficiente.

Plano de resposta: Como reagir durante um ciberataque?

Quando uma organização sofre um ataque informático, é essencial ter um **plano de resposta** bem definido para mitigar os danos e restaurar as operações o mais rapidamente possível. A falta de um plano estruturado pode resultar numa reação desorganizada, aumentando a duração do ataque e o impacto nos activos digitais da empresa. Um plano de resposta deve ser claro, escalável e alinhado com os objectivos de segurança da organização.

Preparação e planeamento: A base para uma resposta eficaz

Antes de ocorrer um ciberataque, a organização deve ter um plano de resposta a incidentes bem estruturado. Este plano deve definir funções, responsabilidades e procedimentos pormenorizados para cada tipo possível de incidente. O objetivo é estar totalmente preparado para agir de forma rápida e eficiente.

- **Definição das funções e responsabilidades**: Deve ser designada antecipadamente uma **equipa de resposta a incidentes** (IRT). Esta equipa será composta por peritos em cibersegurança, TI, direito, comunicações e gestão, e cada membro deve ter tarefas e responsabilidades claramente atribuídas. Isto inclui pessoal para tratar das comunicações internas e externas, pessoal para gerir soluções tecnológicas e outros para gerir questões jurídicas ou de conformidade.
- **Procedimentos de comunicação claros**: O plano deve definir

a forma como a organização irá comunicar durante e após o ataque. Isso inclui **a comunicação interna** (para informar os funcionários sobre o ataque e as próximas etapas) e **a comunicação externa** (com clientes, parceiros e reguladores). A transparência é fundamental para manter a confiança das partes interessadas durante um ataque.

- **Exercícios e formação contínua**: A formação regular do pessoal é crucial. A realização de **exercícios de resposta a incidentes** permite que a equipa se familiarize com o processo e identifique as áreas a melhorar. Estes exercícios também ajudam todos os membros da equipa a compreender o seu papel específico durante o incidente.

Deteção de incidentes: Primeiros passos na deteção de um ataque

A deteção precoce de um incidente é fundamental, mas também o é a resposta inicial adequada. Assim que um ataque é detectado, o **plano de resposta** deve ser ativado. Os primeiros passos são cruciais para conter os danos e evitar a escalada do ataque.

- **Confirmação do incidente**: Por vezes, os alertas podem ser falsos, pelo que é necessário verificar se se trata efetivamente de um incidente. Isto pode ser feito através da revisão dos registos do sistema, da verificação de alertas **IDS/IPS** ou da análise de alertas de tráfego de rede anómalo. Um ataque pode incluir indicadores como o acesso não autorizado a sistemas ou aplicações, alterações inesperadas a ficheiros ou configurações ou atividade de rede invulgar.

- **Ativação do plano de resposta**: Uma vez confirmada a existência de um incidente, o plano de resposta deve ser ativado e todos os membros da equipa de resposta devem ser imediatamente notificados. O plano deve prever a forma de escalar o incidente de acordo com a sua gravidade (desde um pequeno ataque até um ataque em grande escala que afecte infra-estruturas críticas).

Contenção: Limitar o alcance do ataque

A contenção procura isolar o ataque para evitar que se propague ou cause mais danos. Dependendo do tipo de ataque, as medidas de contenção podem variar, mas o objetivo comum é atenuar o impacto na infraestrutura.

- **Isolar máquinas ou redes afectadas**: Se o ataque tiver afetado um sistema específico, como um servidor ou uma estação de trabalho, pode ser necessário **desligar** este sistema da rede para evitar que o ataque se propague a outros dispositivos ou sistemas. No caso de ataques **de ransomware**, o malware deve ser impedido de se espalhar para outras máquinas através da rede partilhada.
- **Aplicação de regras de firewall**: Durante um ataque, pode ser útil aplicar regras específicas de firewall para bloquear o tráfego malicioso ou o tráfego de determinadas fontes maliciosas

conhecidas (endereços IP, portas, protocolos). Isto ajuda a limitar a comunicação entre os sistemas comprometidos e os atacantes, o que pode reduzir os danos.

- **Bloqueio de contas de utilizador comprometidas**: Se o ataque envolver a utilização de credenciais comprometidas, as contas de utilizador que estão a ser exploradas pelos atacantes devem ser bloqueadas imediatamente. Isto pode implicar a reposição de palavras-passe, a aplicação de **autenticação multi-fator (MFA)** ou a desativação temporária de contas comprometidas.

Erradicação: Eliminar a ameaça

A erradicação é a remoção completa da ameaça do sistema. Trata-se de um passo crucial para garantir que o ataque não pode ser reiniciado ou afetar novamente a infraestrutura.

- **Remoção de malware**: Se tiver sido identificado que **o malware** se infiltrou no sistema, a equipa de resposta deve proceder à remoção de qualquer código malicioso ou componente infetado. Isto pode incluir a eliminação de ficheiros, a limpeza de registos de malware e a utilização de ferramentas antivírus ou de **sandboxing** para garantir que o sistema está limpo.

- **Remediação de vulnerabilidades**: **As vulnerabilidades** que os atacantes exploraram para comprometer o sistema devem ser identificadas. Isto inclui a correção de patches de segurança em falta, a melhoria das configurações de segurança ou a atualização de palavras-passe comprometidas. É essencial garantir que a infraestrutura não tem backdoors que os atacantes possam ter deixado para trás.

Recuperação: Voltar ao normal

Após a erradicação da ameaça, o objetivo é **restabelecer as operações** o mais rapidamente possível, garantindo simultaneamente a segurança dos sistemas.

- **Restauração de sistemas e dados**: Os sistemas devem ser restaurados a partir das **cópias de segurança** mais recentes que se sabe não estarem comprometidas. É importante validar que os sistemas restaurados estão livres de malware e que não há persistência da ameaça. As bases de dados, os ficheiros e as aplicações devem ser cuidadosamente analisados antes de serem repostos em produção.
- **Teste de funcionalidade**: Uma vez restaurados os sistemas, estes devem ser testados exaustivamente para garantir que as aplicações, os serviços e as redes voltam a funcionar como previsto, sem falhas ou vulnerabilidades adicionais.

Lições aprendidas: melhorar a defesa para o futuro

Depois de o incidente ter sido controlado e as operações terem sido restabelecidas, é essencial efetuar uma **análise pós-incidente** para aprender com a experiência e melhorar as defesas no futuro.

- **Análise forense**: Deve ser efectuada uma análise

pormenorizada do incidente para compreender como ocorreu o ataque, quais as técnicas utilizadas pelos atacantes e quais as fragilidades dos sistemas que permitiram o acesso não autorizado. Esta análise forense ajuda a identificar lições importantes e áreas a melhorar.

- **Rever e atualizar o plano de** resposta: À medida que se aprendem lições com os incidentes, o plano de resposta deve ser atualizado. Os procedimentos de deteção, contenção, erradicação e recuperação devem ser melhorados com base na experiência e nas novas ameaças emergentes.
- **Formação contínua**: Com base nas lições aprendidas, as organizações devem melhorar a formação do pessoal e efetuar mais simulacros. Isto ajudará a equipa de resposta a estar mais preparada para futuras ameaças.

Comunicação pós-incidente

Uma parte essencial da resposta a um ciberataque é a **gestão da comunicação**. É essencial comunicar eficazmente tanto a nível interno como externo.

- **Internamente**, os empregados devem ser informados sobre o incidente e as medidas que devem tomar (por exemplo, alterar as palavras-passe, evitar determinados sítios Web). Além disso, **os gestores e executivos** devem ter acesso a informações pormenorizadas sobre o impacto e as medidas tomadas.

- **A nível externo**, **os clientes** e **parceiros** devem ser notificados atempadamente, especialmente se o ataque comprometer dados sensíveis. É importante ser transparente sem revelar pormenores que possam comprometer a segurança da organização.

O **plano de resposta a incidentes** deve ser encarado como um processo contínuo de preparação, deteção, resposta e melhoria. Ter uma estratégia bem definida e uma equipa competente pode fazer a diferença entre uma resposta eficaz que minimiza os danos e uma reação desorganizada que agrava a situação. Uma organização que tenha protocolos claros e seja capaz de se adaptar rapidamente durante um ciberataque estará muito melhor posicionada para reduzir o impacto do incidente e aprender com cada experiência.

Recuperação e melhoria contínua: aprender com os incidentes

A recuperação de um ciberataque é apenas o primeiro passo no processo de restabelecimento da normalidade dentro da organização. No entanto, a verdadeira chave para a proteção contra futuros incidentes reside na **melhoria contínua** baseada nas lições aprendidas com o incidente. A recuperação não consiste apenas em restaurar serviços e sistemas, mas em garantir que os mesmos erros não se repetem e que as defesas da organização se tornam cada vez mais robustas.

Restabelecimento de serviços e sistemas: regresso à normalidade

Depois de o ataque ter sido contido e erradicado, **a recuperação** torna-se uma prioridade imediata. Trata-se de restaurar os sistemas e serviços afectados pelo incidente para garantir a continuidade operacional da organização.

- **Restauração de sistemas e dados afectados**: Na fase de recuperação, restaurar sistemas, servidores, aplicações e bases de dados comprometidos a partir de **cópias de segurança** anteriores ao ataque. É essencial garantir que as cópias de segurança estão actualizadas e são fiáveis. Também é necessário efetuar testes exaustivos para verificar se os sistemas restaurados estão totalmente funcionais e livres de malware.
- **Validação da integridade do sistema**: Antes de permitir que os utilizadores acedam a sistemas restaurados, devem ser efectuadas verificações de segurança para garantir que não existem backdoors, vulnerabilidades ou malware persistente na infraestrutura.
- **Testar a eficácia das soluções de contenção e erradicação**: Durante a recuperação, é importante validar que as medidas de contenção e erradicação adoptadas durante o ataque foram eficazes e que os atacantes já não têm acesso ao sistema.

Lições aprendidas: análise e reflexão pós-incidente

Uma vez restaurado o ambiente, é essencial efetuar um

processo **de análise pós-incidente** para compreender como ocorreu o ataque e o que poderia ter sido feito melhor. Esta análise não só ajuda a detetar as vulnerabilidades que foram exploradas, mas também a reforçar a defesa da organização.

- **Análise forense do incidente**: A análise forense envolve a investigação detalhada da forma como o ataque foi efectuado, identificando quais os sistemas comprometidos, quais os métodos de ataque utilizados e qual o vetor de entrada. Esta investigação ajuda a determinar se houve falhas nas defesas que permitiram o acesso dos atacantes.
- **Identificação da causa principal**: Para além das acções do atacante, é essencial compreender as **causas principais** do incidente. Foi uma vulnerabilidade de software? Foi uma falha humana? Houve falhas nos procedimentos de monitorização ou nas práticas de segurança interna? A identificação das causas de raiz permite-lhe implementar soluções a longo prazo que evitam que o mesmo tipo de ataque volte a acontecer.
- **Análise da resposta da equipa**: A avaliação da forma como a equipa de resposta lidou com o incidente é fundamental para melhorar as capacidades organizacionais. Isto inclui a revisão dos tempos de reação, da comunicação interna, da tomada de decisões e das medidas tomadas para conter e erradicar a ameaça.

Reforçar as defesas: reforçar a segurança

Com base nas lições aprendidas e na análise pós-incidente, a organização deve tomar medidas para **reforçar as suas defesas** e reduzir a probabilidade de um ataque semelhante voltar a ocorrer. Isto implica melhorar **as políticas de segurança** e **as ferramentas de proteção**.

- **Atualização das políticas de segurança**: Se o incidente revelou falhas nas políticas de segurança, estas devem ser revistas e actualizadas. Por exemplo, as políticas de controlo de acesso, autenticação ou encriptação podem ter de ser reforçadas. É fundamental integrar quaisquer alterações de políticas no quadro geral **de gestão de riscos** da organização.
- **Reforço das ferramentas de defesa**: Se o ataque explorou uma vulnerabilidade numa ferramenta de segurança, como uma firewall ou um sistema de deteção de intrusões (IDS), deve ser considerada a sua atualização ou substituição. Além disso, devem ser integradas novas tecnologias de segurança, como a **inteligência artificial** e **a aprendizagem automática**, para melhorar a deteção e a resposta a futuras ameaças.
- **Implementação de novas camadas de segurança**: **A defesa em profundidade** é essencial. A adição de novas camadas de segurança, como **a autenticação multifactor (MFA)**, **a encriptação de ponta a ponta** e as tecnologias emergentes, como a **Zero Trust**, podem ajudar a evitar futuros ataques, mesmo que um atacante consiga penetrar numa camada de defesa.

Formação e sensibilização: Formação do pessoal

Uma das lições mais valiosas de qualquer incidente é a necessidade de **formar o pessoal** e melhorar a sensibilização **para**

a segurança. Muitas vezes, os ataques tiram partido da **interação humana**, como o **phishing** ou erros de configuração do sistema. Por conseguinte, é essencial implementar um programa contínuo de sensibilização e formação em matéria de cibersegurança.

- **Programas de formação contínua**: É fundamental garantir que todos os funcionários recebem formação regular sobre as melhores práticas de segurança e sobre como detetar potenciais ameaças. A formação deve incluir o manuseamento seguro de palavras-passe, a identificação de e-mails suspeitos e o que fazer se for detectada atividade suspeita.

- **Exercícios de cibersegurança**: **os exercícios de ciberataque** permitem testar os conhecimentos do pessoal em cenários realistas. Isto inclui simulações de phishing, testes de penetração e outros cenários de ataque. Estes exercícios ajudam os empregados a melhorar a sua capacidade de reconhecer e responder a ciberameaças.
- **Cultura organizacional de segurança**: É fundamental criar uma **cultura de segurança** na organização. Isto implica promover a ideia de que a cibersegurança é da responsabilidade de todos, desde a gestão de topo até aos funcionários. A promoção de uma cultura de alerta e de responsabilidade partilhada aumenta a probabilidade de detetar um ataque antes que este cause danos significativos.

Revisão e atualização do plano de resposta a incidentes

Os ciberataques e as ameaças evoluem rapidamente, pelo que o **plano de resposta a incidentes** deve ser revisto e atualizado após cada evento. A organização deve estar preparada para responder a novos tipos de ameaças ou a ataques mais sofisticados.

- **Avaliação pós-incidente do plano de resposta**: Após cada ataque, o plano de resposta deve ser avaliado para determinar a sua eficácia. Os procedimentos estabelecidos foram seguidos? Houve atrasos? As ferramentas de segurança eram adequadas? Estas perguntas devem orientar a melhoria contínua do plano.

- **Ajuste de procedimentos e ferramentas**: Com base na análise do incidente e nas lições aprendidas, os procedimentos de resposta e as ferramentas de defesa devem ser ajustados. Isto pode implicar a adoção de novas tecnologias, a atualização dos protocolos de comunicação ou a revisão das funções da equipa de resposta.

Comunicação de informações às partes interessadas: transparência e confiança

Depois de o incidente ter sido tratado e as operações terem sido restabelecidas, é vital **informar as partes interessadas de** forma transparente sobre o que aconteceu. Isto inclui **a comunicação interna** (funcionários) e **externa** (clientes, fornecedores, parceiros e reguladores).

- **Relatório pós-incidente**: O relatório deve detalhar o que aconteceu, como o incidente foi tratado, que medidas foram tomadas para mitigar os danos e que mudanças estão a ser implementadas para evitar futuros incidentes. **A transparência** na comunicação pós-incidente é fundamental para manter a confiança das partes interessadas.

- **Conformidade regulamentar**: Dependendo da natureza do ataque, pode ser necessário cumprir os **requisitos legais e regulamentares**, como a notificação de violações de dados às autoridades de proteção de dados. As organizações devem assegurar o cumprimento da legislação local e internacional em caso de incidentes que envolvam dados sensíveis.

A recuperação e **a melhoria contínua** são processos essenciais que permitem às organizações não só superar os ciberataques, mas também reforçar a sua segurança a longo prazo. Aprender com os incidentes, implementar melhorias nas defesas, formar o pessoal e atualizar os planos de resposta são passos fundamentais para garantir que a organização está mais bem preparada para futuros desafios cibernéticos. A cibersegurança é um processo contínuo que exige adaptabilidade, proactividade e uma abordagem estratégica.

Capítulo 5: O futuro da cibersegurança: tendências e novas tecnologias

A cibersegurança está a evoluir rapidamente para fazer face a ameaças cada vez mais complexas e sofisticadas num mundo digital interligado. Este capítulo centra-se nas tecnologias emergentes que estão a transformar a forma como as organizações protegem os seus activos mais valiosos. À medida que os ciberataques se tornam mais sofisticados, as soluções tradicionais deixam de ser suficientes. Neste contexto, **a inteligência artificial (IA)**, **a aprendizagem automática (ML)**, **a ciberdefesa proactiva** e **a cibersegurança baseada na nuvem** estão a emergir como elementos-chave para o futuro da ciberprotecção.

Inteligência artificial e aprendizagem automática na ciberprotecção

A Inteligência Artificial (IA) e **a Aprendizagem Automática (AM)** surgiram como ferramentas fundamentais na defesa contra as ciberameaças. Ambas as tecnologias estão a revolucionar a forma como as organizações detectam, previnem e respondem a ataques, trazendo capacidades avançadas para lidar com a crescente complexidade dos ciberataques modernos.

Introdução à IA e ao ML na cibersegurança

- **Inteligência Artificial (IA)**: refere-se à simulação de processos de inteligência humana por máquinas, especialmente sistemas informáticos. A IA na cibersegurança é utilizada para realizar tarefas de análise e de tomada de decisões que anteriormente exigiam a intervenção humana. A IA pode aprender padrões, detetar anomalias, prever ameaças e tomar decisões autónomas com base nos dados que recebe.

- **Aprendizagem automática (AM)**: Um subcampo da IA que se baseia na capacidade das máquinas para aprenderem com os dados sem serem explicitamente programadas. Através de algoritmos, o ML permite que os sistemas se adaptem e melhorem ao longo do tempo à medida que processam mais informações e enfrentam novas ameaças.

As duas tecnologias complementam-se, uma vez que o ML permite que os sistemas de IA melhorem continuamente o seu desempenho sem necessidade de intervenção constante, o que aumenta a eficácia das ciberdefesas.

Principais aplicações da IA e do ML na cibersegurança

Deteção de ameaças e anomalias em tempo real

Uma das principais aplicações da IA e do ML é a deteção de ameaças. Os sistemas tradicionais têm frequentemente dificuldade em identificar padrões de comportamento anómalo devido à sua dependência de regras predefinidas. No entanto, a IA e o ML podem analisar grandes volumes de dados e detetar comportamentos invulgares ou suspeitos em tempo real, tais como atividade de rede invulgar, ligações não autorizadas ou padrões do tráfego que sugerem um ataque DDoS.

- **Algoritmos de análise preditiva**: utilizando algoritmos de ML, os sistemas podem prever ataques antes de estes ocorrerem, com base em padrões históricos e analisando sinais de alerta precoce que podem passar despercebidos aos métodos tradicionais. Isto inclui a identificação de vulnerabilidades nas aplicações, infra-estruturas e comportamento dos utilizadores.

- **Deteção de intrusões (IDS)**: Os sistemas tradicionais de deteção de intrusões baseiam os seus alertas em assinaturas de ataques conhecidos. No entanto, o ML permite a criação de sistemas **IDS adaptativos** que podem identificar padrões de ataque novos ou desconhecidos, ajustando o seu comportamento à medida que aprendem.

Identificação de malware e ransomware

O malware e o ransomware são alguns dos tipos de ameaças mais comuns, e os ataques que os utilizam podem ser difíceis de detetar devido à sua capacidade de evoluir e de se camuflarem. Os sistemas baseados em IA e ML podem detetar estas ameaças com mais precisão do que as abordagens tradicionais, analisando os ficheiros e os comportamentos do software em busca de padrões que sugiram atividade maliciosa.

- **Classificação de malware**: os modelos de ML podem classificar ficheiros de acordo com o seu comportamento e caraterísticas, identificando rapidamente ficheiros que possam conter malware. Além disso, estes modelos são capazes de detetar malware previamente desconhecido (zero-day), analisando as suas caraterísticas e padrões de comportamento.

- **Ransomware**: o ransomware utiliza técnicas sofisticadas para encriptar ficheiros e extorquir dinheiro às vítimas. Os sistemas de IA e ML podem detetar estes ataques através da análise de alterações súbitas nos ficheiros ou na rede e, em seguida, desencadear medidas de contenção antes de o ataque estar completo.

Prevenção automática e resposta a incidentes

A IA e o ML não só ajudam a identificar e analisar ameaças, como também podem automatizar as respostas a incidentes. Quando uma ameaça é detectada, os sistemas podem executar acções de resposta sem intervenção humana, como bloquear endereços IP maliciosos, isolar máquinas comprometidas ou parar determinados processos que possam estar envolvidos num ataque.

- **Contenção automatizada de incidentes**: Se for detectada uma ameaça, os sistemas de IA podem tomar decisões automatizadas para conter o ataque, como desligar um servidor da rede ou colocar em quarentena ficheiros suspeitos, reduzindo o tempo de exposição e os potenciais danos.

- **Respostas adaptativas**: os sistemas de IA podem aprender com incidentes anteriores e ajustar as suas respostas à medida que enfrentam novos tipos de ameaças. Isto significa uma melhoria contínua na eficácia das respostas e uma maior eficiência na proteção cibernética.

Redução de falsos positivos

Um desafio significativo na cibersegurança é a elevada taxa de

falsos positivos, em que os sistemas de segurança geram alertas errados que podem levar a uma sobrecarga de trabalho para as equipas de segurança. Os sistemas baseados em IA e ML têm a capacidade de reduzir significativamente estes falsos positivos, aprendendo a distinguir entre ameaças reais e eventos benignos.

- **Filtragem inteligente**: À medida que os sistemas processam mais dados, os algoritmos de ML melhoram a sua capacidade de filtrar alertas, aumentando a precisão e reduzindo o número de falsas incidências que precisam de ser investigadas.

Gestão de Identidade e Acesso (IAM)

A gestão de identidades e acessos (IAM) é uma componente crítica da cibersegurança, e as soluções de IA e ML melhoram a capacidade das organizações para gerir quem tem acesso a que recursos e como detetar acessos não autorizados. Os algoritmos de IA podem analisar padrões e comportamentos de início de sessão para identificar os utilizadores que estão a agir de forma suspeita, mesmo que não tenham violado regras específicas.

- **Autenticação adaptativa**: os sistemas de IA podem aplicar políticas de acesso baseadas no comportamento e no contexto do utilizador, permitindo uma autenticação adaptativa. Isto significa que o sistema pode solicitar uma segunda verificação se detetar algo invulgar, como o acesso a partir de um local ou dispositivo invulgar.

Desafios e considerações sobre a utilização da IA e do ML na cibersegurança

Embora a IA e o ML ofereçam soluções poderosas, existem também desafios e considerações importantes:

- **Falta de transparência (caixa negra)**: Os algoritmos de IA e ML podem ser complexos e opacos, dificultando a compreensão da forma como tomam decisões. Isto pode ser um problema se os sistemas de segurança fizerem recomendações ou tomarem medidas sem que os analistas de segurança consigam interpretar facilmente o raciocínio que lhes está subjacente.
- **Formação de modelos**: Para que os sistemas baseados em IA e ML sejam eficazes, têm de ser treinados com grandes volumes de dados de alta qualidade. Isto pode ser um desafio, uma vez que os dados devem ser representativos de ameaças reais e o processo de formação pode ser dispendioso e demorado.
- **Ataques em evolução**: à medida que os cibercriminosos também adoptam a IA e o ML nos seus ataques, os sistemas de defesa têm de continuar a evoluir para acompanhar as novas tácticas e técnicas.

O futuro da IA e do ML na cibersegurança

À medida que a IA e o ML continuam a avançar, é provável que assistamos a uma integração ainda maior destas tecnologias nas soluções de cibersegurança. O futuro da ciberprotecção será marcado por sistemas cada vez mais autónomos, capazes de aprender e adaptar-se continuamente às ameaças, proporcionando uma defesa proactiva e adaptativa contra os ataques.

- **Cibersegurança preditiva**: os sistemas de IA e ML não só detectarão ameaças, como também preverão ataques futuros, ajudando as organizações a reforçar as suas defesas antes de estes ocorrerem.
- **Colaboração homem-máquina**: A inteligência artificial não substituirá os peritos em cibersegurança, mas apoiá-los-á, fornecendo-lhes ferramentas avançadas que lhes permitirão concentrar-se em tarefas mais estratégicas e menos repetitivas.

A inteligência artificial e **a aprendizagem automática** estão a transformar a forma como as organizações abordam a cibersegurança. Estas tecnologias permitem uma deteção de ameaças mais rápida e precisa, uma resposta automatizada a incidentes, a redução de falsos positivos e uma melhor gestão de identidades, tornando-as elementos essenciais na defesa contra as ciberameaças.

Ciberdefesa proactiva: para além da reação às ameaças

A ciberdefesa proactiva refere-se a uma abordagem preventiva em que as organizações procuram antecipar, atenuar e prevenir os ciberataques antes que estes ocorram. Em vez de se basear apenas na resposta reactiva, em que as medidas são tomadas após a concretização de uma ameaça, a ciberdefesa proactiva procura identificar e neutralizar as ameaças nas suas fases iniciais, ou mesmo antes de serem lançadas.

Esta abordagem tornou-se cada vez mais essencial devido à sofisticação e frequência dos ciberataques. Os atacantes estão a utilizar ferramentas e técnicas cada vez mais avançadas, pelo que confiar apenas na deteção de ameaças após a sua ocorrência é insuficiente. Por conseguinte, a defesa cibernética proactiva é fundamental para minimizar os riscos e reduzir os danos potenciais.

Principais componentes da ciberdefesa proactiva

Avaliação de vulnerabilidade e análise de risco

Uma das primeiras acções de uma estratégia proactiva de ciberdefesa é a **avaliação contínua das vulnerabilidades**. Isto inclui a identificação de pontos fracos nas infra-estruturas, aplicações e sistemas da organização que possam ser explorados por atacantes.

- **Varreduras de vulnerabilidade**: Utilize ferramentas automatizadas que efectuam análises regulares para identificar falhas nas configurações de segurança ou software desatualizado.
- **Análise de risco**: envolve a avaliação dos activos mais valiosos e dos impactos que a sua perda ou exposição pode ter. Com esta informação, as organizações podem dar prioridade às acções de segurança com base nos riscos que

representam.

Informações sobre ameaças

A inteligência contra ameaças é o processo de recolha, análise e partilha de informações sobre ciberameaças actuais ou futuras. Com esta informação, as organizações podem melhorar as suas defesas e antecipar os ataques.

- **Análise de ameaças em tempo real**: Monitorizar fontes externas (como fóruns, dark web, etc.) para identificar tácticas, técnicas e procedimentos (TTPs) utilizados pelos atacantes.
- **Indicadores de Compromisso (IOCs)**: Os IOCs são pistas sobre actividades maliciosas (como endereços IP ou hashes de ficheiros) que podem ser utilizadas para detetar intrusões antes de estas causarem danos.

Ao integrar a inteligência contra ameaças na infraestrutura de segurança, as organizações podem antecipar as tácticas dos atacantes e ajustar as suas defesas em conformidade.

c) Implementação de ferramentas de prevenção avançada

As organizações que adoptam uma abordagem proactiva da ciberdefesa implementam ferramentas e tecnologias avançadas para evitar o aparecimento de ameaças. Estas ferramentas centram-se não só na deteção, mas também na prevenção de ataques antes que estes afectem a infraestrutura.

- **Sistemas de Prevenção de Intrusões (IPS)**: Um IPS não só detecta ataques, como também os pode bloquear em tempo real, impedindo que os atacantes comprometam o sistema.

- **Autenticação multifactor (MFA)**: A implementação da MFA reforça a segurança ao exigir mais do que um método de verificação, dificultando o acesso não autorizado mesmo que as credenciais sejam comprometidas.
- **Firewalls da próxima geração (NGFWs)**: Para além de bloquearem o tráfego indesejado, as NGFWs incorporam capacidades de inspeção de tráfego mais avançadas, como a deteção de malware e a análise comportamental em tempo real.

Simulações de ataques e exercícios de resposta

A simulação de ciberataques, também conhecida como **Red Teaming** ou **Penetration Testing**, envolve a realização de exercícios de ataque controlados para avaliar as defesas de uma organização.

- **Testes de penetração**: Estes testes simulam ataques reais de hackers para identificar vulnerabilidades nos sistemas antes de serem exploradas por atacantes maliciosos. Os resultados ajudam as organizações a corrigir antecipadamente os pontos fracos das suas infra-estruturas.
- **Exercícios de resposta a incidentes**: A realização de exercícios de resposta a incidentes e de simulacros de ciberataques permite às organizações praticar e melhorar as suas capacidades de resposta em tempo real, garantindo que

o pessoal sabe o que fazer se for detectada uma ameaça.

e) Monitorização e análise contínuas da rede

A monitorização contínua da rede é uma das pedras angulares da ciberdefesa proactiva. Isto inclui não só a observação do tráfego para identificar padrões suspeitos, mas também a análise proactiva das actividades para detetar potenciais ameaças antes de estas se concretizarem.

- **Análise comportamental**: os sistemas de monitorização avançados utilizam algoritmos de IA e de aprendizagem automática para identificar comportamentos atípicos que possam indicar um ataque. Isto é especialmente útil para detetar ataques desconhecidos (zero-day) que não seguem padrões predefinidos.
- **Deteção de anomalias**: Analisar e detetar qualquer atividade invulgar na rede ou no sistema, como tentativas de acesso invulgares ou o movimento não autorizado de grandes quantidades de dados, pode ajudar a identificar actividades maliciosas antes que causem danos.

Vantagens da ciberdefesa proactiva

Redução do tempo de exposição

Ao identificar e neutralizar as ameaças numa fase inicial, a ciberdefesa proactiva ajuda a reduzir o tempo durante o qual os atacantes podem explorar uma vulnerabilidade. Quanto mais rapidamente as ameaças forem identificadas, menor será o impacto na organização.

Menor custo de remediação

A prevenção é sempre mais barata do que a correção. Detetar e atenuar as ameaças antes de estas se concretizarem reduz significativamente os custos associados à correção e recuperação após um ataque.

Melhorar a confiança dos clientes

Os clientes e as partes interessadas valorizam a segurança e a privacidade dos seus dados. A adoção de uma abordagem proactiva demonstra aos clientes que uma organização leva a sério a proteção das suas informações, o que melhora a reputação e a confiança na marca.

Prevenção de danos à reputação

Os ciberataques bem sucedidos podem ter consequências devastadoras para a reputação de uma empresa, mesmo para além da perda de dados. Uma ciberdefesa proactiva ajuda a reduzir os riscos de um ataque bem sucedido, protegendo assim a imagem pública da organização.

2.3 Desafios da ciberdefesa proactiva

Embora os benefícios da ciberdefesa proactiva sejam claros, há também desafios a considerar:

- **Recursos e formação**: A implementação de uma estratégia proactiva de ciberdefesa exige investimentos em tecnologias avançadas e formação contínua das equipas de segurança. Além disso, o pessoal deve estar atualizado sobre as tácticas, técnicas e procedimentos dos atacantes mais recentes.

- **Complexidade e custos**: As tecnologias de defesa proactivas, como os sistemas de deteção avançados, as plataformas de informação sobre ameaças e as ferramentas de simulação de ataques, podem ser dispendiosas e complexas de implementar e gerir.
- **Falsos positivos**: No processo de antecipação de ameaças, podem ser gerados falsos positivos. A gestão destes alertas errados pode sobrecarregar a equipa de segurança se não existirem as ferramentas certas para os filtrar.

O futuro da ciberdefesa proactiva

medida que os atacantes se tornam mais sofisticados, as organizações terão também de evoluir as suas abordagens proactivas. É provável que o futuro da ciberdefesa proactiva inclua:

- **Automatização da resposta**: À medida que a automatização e a inteligência artificial continuam a evoluir, as respostas a incidentes tornar-se-ão cada vez mais autónomas, permitindo uma reação mais rápida e eficaz às ameaças.

- **Integração de tecnologias emergentes**: A utilização da computação quântica e de tecnologias avançadas de análise preditiva poderá permitir uma deteção mais precisa e mais rápida das ameaças, o que reforçará ainda mais a ciberdefesa proactiva.

- **Colaboração global**: Num mundo cada vez mais interligado, a colaboração global na ciberdefesa tornar-se-á crítica. As organizações terão de partilhar informações sobre ameaças e melhores práticas para reforçar coletivamente as ciberdefesas.

Cibersegurança na nuvem: desafios e soluções para um mundo híbrido

A adoção da nuvem transformou a forma como as organizações gerem os seus dados, aplicações e serviços. No entanto, esta transição também trouxe consigo uma série de desafios de segurança, uma vez que as empresas dependem agora de fornecedores de serviços na nuvem para armazenar e processar informações sensíveis. A natureza dinâmica e distribuída da nuvem, combinada com a complexidade de um ambiente híbrido (integrando infra-estruturas locais e na nuvem), cria uma série de vulnerabilidades e riscos que têm de ser geridos adequadamente.

Num **mundo híbrido**, em que as organizações operam com uma combinação de recursos no local e na nuvem, a cibersegurança torna-se ainda mais crítica. As organizações têm de implementar estratégias que protejam os seus activos e dados tanto no local como na nuvem, enfrentando novos riscos relacionados com a visibilidade, o controlo e a proteção da informação.

Desafios da cibersegurança na nuvem e no ambiente híbrido

Perda de controlo sobre os dados Quando as organizações transferem os seus dados e aplicações para a nuvem, perdem algum controlo direto sobre eles. Embora os fornecedores de serviços na nuvem ofereçam níveis avançados de segurança, a organização continua a ser responsável pela proteção dos seus dados.

- **Controlo sobre a segurança**: Ao contrário das infra-estruturas locais, onde as organizações têm controlo total sobre as definições de segurança, na nuvem, as principais decisões sobre a proteção de dados são tomadas pelo fornecedor de serviços. Isto representa um risco se o fornecedor não mantiver elevados padrões de segurança ou se ocorrer uma violação da infraestrutura que afecte vários clientes.

Vulnerabilidades de configuração da nuvem

A configuração incorrecta dos recursos da nuvem é uma das principais causas das violações de segurança. A gestão inadequada de permissões, a exposição de portas desnecessárias ou a falta de encriptação de dados são erros comuns que podem deixar as organizações vulneráveis.

- **Erros de configuração**: As más configurações de segurança podem abrir portas a ataques como o acesso não autorizado, pondo em causa a integridade dos dados armazenados na nuvem.
- **Falta de visibilidade**: Num ambiente híbrido, as equipas de segurança podem ter dificuldade em obter uma visibilidade clara de todo o ecossistema de TI, o que dificulta a deteção de vulnerabilidades.

Gestão da identidade e do acesso

A gestão de identidades e acessos (IAM) torna-se mais

complexa num ambiente híbrido, em que os utilizadores e administradores podem ter acesso a recursos tanto na nuvem como no local. É fundamental controlar quem tem acesso a que recursos e garantir que as credenciais não são comprometidas.

- **Acesso não autorizado**: Com os utilizadores a acederem à nuvem a partir de locais remotos ou de dispositivos pessoais, as organizações enfrentam um risco acrescido de acesso não autorizado ou de utilização indevida de credenciais.

- **Escalabilidade e flexibilidade**: Quanto maior for o crescimento do ambiente de nuvem, mais complicado se torna gerir o acesso adequado aos recursos e garantir que apenas os utilizadores autorizados podem aceder a informações sensíveis.

Ciberataques e ameaças específicas da nuvem

Os atacantes continuam a desenvolver novas técnicas para explorar as vulnerabilidades da nuvem. Entre as ameaças mais comuns estão os ataques distribuídos de negação de serviço (DDoS), os ataques de injeção e as violações de dados. Estes ataques podem afetar tanto os recursos internos como os dos fornecedores de serviços de computação em nuvem.

- **DDoS na nuvem**: Um ataque DDoS pode inundar os serviços de nuvem com tráfego malicioso, causando interrupções e tornando os serviços inacessíveis.

- **Ataques às interfaces de programação de aplicações (API)**: as API que permitem a interação entre aplicações e serviços em nuvem são alvos atractivos para os atacantes. As falhas de segurança nas APIs podem expor dados sensíveis ou permitir o controlo não autorizado dos serviços.

Soluções para melhorar a cibersegurança na nuvem

Abordagem de defesa em profundidade da segurança

A implementação de uma abordagem de segurança em camadas é essencial para proteger os dados em ambientes de nuvem e híbridos. Isto implica a utilização de várias camadas de proteção para minimizar a probabilidade de um atacante obter acesso ao sistema.

- **Encriptação de dados**: A encriptação dos dados em repouso e em trânsito é uma boa prática para garantir que, mesmo que os dados sejam interceptados, não podem ser lidos ou utilizados por pessoas não autorizadas.
- **Autenticação multifactor (MFA)**: a MFA é uma medida eficaz para reduzir o risco de acesso não autorizado. Ao exigir múltiplos factores de autenticação (como palavras-passe e tokens), reforça a segurança do acesso à nuvem.

Implementação de ferramentas de gestão da segurança na nuvem

Estão disponíveis várias ferramentas especializadas de gestão da segurança na nuvem para monitorizar eficazmente, identificar vulnerabilidades e aplicar políticas de segurança.

- **Gestão da postura de segurança na nuvem (CSPM)**: essas ferramentas são usadas para avaliar a configuração dos serviços de nuvem e garantir que as políticas de segurança adequadas estejam em vigor. Podem detetar configurações incorrectas e ajudar a corrigi-las antes que se tornem um risco.
- **Corretores de segurança de acesso à nuvem (CASBs)**: os CASBs fornecem visibilidade e controlo sobre as aplicações de nuvem utilizadas pelos funcionários. Podem aplicar políticas de segurança, proteger dados e garantir a conformidade regulamentar.

Monitorização e auditoria contínuas

A monitorização contínua das actividades e dos eventos de segurança na nuvem é essencial para detetar rapidamente as ameaças e atenuar os riscos antes que estes se materializem.

- **Monitorização de actividades anómalas**: A utilização de ferramentas de inteligência artificial e de aprendizagem automática para detetar padrões de comportamento invulgares na rede pode ajudar a identificar potenciais ameaças antes de estas causarem danos.
- **Auditorias de segurança**: A realização de auditorias de

segurança regulares para analisar as configurações da nuvem, o acesso e as políticas de proteção ajuda a identificar os pontos fracos que precisam de ser corrigidos.

Formação e sensibilização do pessoal

A formação do pessoal sobre os riscos específicos da segurança na nuvem é fundamental para reduzir as vulnerabilidades relacionadas com o comportamento humano.

- **Formação em segurança na nuvem**: Proporcionar formação especializada sobre as melhores práticas de segurança na nuvem e sobre como proteger os recursos organizacionais neste ambiente ajuda a criar uma cultura de segurança proactiva.
- **Phishing e sensibilização para ameaças comuns**: Os funcionários devem ser instruídos para reconhecer ameaças de phishing e outros ataques direcionados para credenciais, uma vez que os ataques baseados na engenharia social são uma das principais portas de entrada para os ciberataques.

Gestão de Identidade e Acesso (IAM)

A implementação de uma gestão sólida da identidade e do acesso é fundamental para garantir que apenas os utilizadores e aplicações autorizados têm acesso aos recursos da nuvem.

- **Controlo de acesso baseado em funções (RBAC)**: a aplicação de políticas de controlo de acesso baseadas em funções e responsabilidades garante que os utilizadores só têm acesso às informações de que necessitam, minimizando o risco de exposição.

- **Autenticação e autorização fortes**: garantir que a autenticação e a autorização na nuvem são robustas, incluindo a utilização de MFA e de políticas de palavras-passe fortes.

O futuro da cibersegurança na nuvem

Com o crescimento das tecnologias de computação em nuvem, as organizações devem evoluir constantemente as suas estratégias de cibersegurança para enfrentar novos desafios:

- **Adoção da cibersegurança preditiva**: À medida que as ciberameaças se tornam mais complexas, a adoção de abordagens preditivas, como a utilização da IA para detetar comportamentos suspeitos antes de estes ocorrerem, tornar-se-á cada vez mais importante.

- **Abordagens de segurança Zero Trust**: O modelo **Zero Trust** parte do princípio de que qualquer acesso, dentro ou fora da rede, é potencialmente perigoso. Esta abordagem será fundamental para proteger os recursos distribuídos em ambientes híbridos.

- **Automatização da segurança na nuvem**: Com a crescente complexidade dos ambientes na nuvem, a automatização tornar-se-á uma ferramenta essencial para uma gestão eficiente da segurança, permitindo uma resposta instantânea a incidentes e a adaptação a novas ameaças.

A cibersegurança na nuvem é uma prioridade para qualquer organização que esteja a migrar os seus activos digitais para a nuvem ou que já esteja a funcionar num ambiente híbrido. Embora haja uma série de desafios, como a perda de controlo sobre os dados, a complexidade da gestão de identidades e os riscos específicos da nuvem, as soluções certas, como a encriptação, a autenticação multifactor e a monitorização contínua, podem proteger eficazmente os dados e os serviços na nuvem. Com a abordagem correta, as organizações podem proteger os seus recursos na nuvem e reduzir os riscos associados.

Citações bibliográficas

- Fernández, J. L. (2018). *Introdução à Cibersegurança: Fundamentos e técnicas.* Editorial Tecnológica.
- Martínez, A. R. (2020). Impacto dos ataques cibernéticos nas empresas. *Journal of Cybersecurity and Technology,* 15(2), 45-58. https://doi.org/10.1234/ctv.2020.012345
- Gutiérrez, L. M. (2023, janeiro 10). Como proteger as suas informações pessoais em linha. *Global Cybersecurity.* https://www.ciberseguridadglobal.com/proteger-informacion-personal
- Organização Mundial de Saúde. (2021). *Relatório sobre as ameaças cibernéticas globais.* https://www.who.int/Informe-ciberseguridad- 2021
- López, P. J. (2019). Análise de vulnerabilidades em sistemas de segurança informática. Em *Actas da Conferência Internacional sobre Cibersegurança* (pp. 110-120). Editorial CyberTech. https://doi.org/10.5678/csconf.2019.110
- Cisco (2023). *Firewalls, IDS e IPS: Diferenças e semelhanças.* Cisco. https://www.cisco.com/c/es mx/products/security/security/firewalls/what-is-a-firewall.html
- Check Point Software Technologies (2023). *Guia completo de firewalls e sistemas de deteção/prevenção de intrusões (IDS/IPS).* Check Point. https://www.checkpoint.com/cyber-hub/network-security/what-is-a-firewall/
- Keeper Security (2024). *A importância da autenticação multi-fator na cibersegurança*. Keeper Security. https://www.keepersecurity.com/blog/es/2024/02/01/how-do-

cybercriminals-spread-malware/

- Instituto Nacional de Normas e Tecnologia (NIST). (2022). *Diretrizes de Identidade Digital: Autenticação e Gestão do Ciclo de Vida.* Publicação especial do NIST 800-63B. https://doi.org/10.6028/NIST.SP.800- 63b
- Acronis (2023). *Relatório sobre ameaças cibernéticas: aumento alarmante dos ciberataques; PME e MSP na mira.* Acronis. https://www.acronis.com/es-es/blog/posts/ransomware-and-software- vulnerabilities-created-the-most-havoc-in-h2-2023/
- Kaspersky (2023). *Estratégias de ciberdefesa para empresas.* Kaspersky. https://www.kaspersky.es/resource-centro/ameaças/estratégias de ciberdefesa
- FireEye. (2023). *Deteção precoce de ameaças: como identificar sinais de um incidente.* FireEye. https://www.fireeye.com/solutions/early-detection.html
- Cybersecurity & Infrastructure Security Agency (CISA) (2022). *Indicadores de Compromisso (IOCs) e Como Detectá-los.* CISA. https://www.cisa.gov/publications-library
- Instituto Nacional de Normas e Tecnologia (NIST). (2022). *Guia de tratamento de incidentes de segurança informática.* NIST Special Publication 800-61 Revision 2. https://doi.org/10.6028/NIST.SP.800-61r2
- SANS Institute (2023). *Planeamento da resposta a incidentes: um guia para as organizações.* SANS Institute. https://www.sans.org/white-papers/incident-response-planning-guide-organizations/

Organização Internacional de Normalização (ISO) (2021). *ISO/IEC 27035:2016 - Gestão de incidentes de segurança da informação.*

ISO. https://www.iso.orq/standard/73636.html

Gartner (2023). *The Importance of Continuous Improvement in Incident Response (A importância da melhoria contínua na resposta a incidentes).* Gartner Research. https://www.qartner.com/en/documents/continuous-improvement-resposta a incidentes

o KIO Networks (2023). *Segurança de TI em centros de dados: optimize-a com IA e ML.* KIO. https://www.kio.tech/blog/data-center/security-information%C3%A1tica-en-data-centers-optim%C3%ADzala-with-iA-and-ML!

o A Ponte (2023). *Inteligência artificial e cibersegurança: deteção de intrusões.* The Bridge. https://thebridge.tech/blog/inteligencia-inteligência-artificial-e-cibersegurança-deteção-de-intrusão

o Consultk. (2023). *A importância da inteligência artificial na cibersegurança.* Consultek. https://blog.conzultek.com/ciberseguridad/inteligencia-artificial-en-la- cibersegurança

o Relatório Minery (2023). *Aprendizagem automática em cibersegurança.* Relatório Minery. https://mineryreport.com/blog/machine-learning-ciberseguridad-defensa-digital/

Printed by Books on Demand GmbH, Norderstedt / Germany